Springer
食品科技译丛

食品粉末性质和表征

Food Powders Properties and Characterization

［土］埃尔坦·埃尔米什　编著

曹荣安　唐卿雁　贾　敏　译

中国纺织出版社有限公司

原文书名：Food Powders Properties and Characterization
原作者名：Ertan Ermiş

First published in English under the title
Food Powders Properties and Characterization
edited by Ertan Ermiş，edition：1
Copyright ⓒ Springer Nature Switzerland AG 2021
This edition has been translated and published under licence from
Springer Nature Switzerland AG.
Springer Nature Switzerland AG takes no responsibility and shall not be made
liable for the accuracy of the translation.

本书中文简体版经 Springer Nature Switzerland AG 授权，由中国纺织出版社有限公司独家出版发行。
本书内容未经出版者书面许可，不得以任何方式或任何手段复制、转载或刊登。
著作权合同登记号：图字：01-2023-0696

图书在版编目（CIP）数据

食品粉末性质和表征/（土）埃尔坦·埃尔米什编著；
曹荣安，唐卿雁，贾敏译．--北京：中国纺织出版社有
限公司，2023.4
（食品科技译丛）
书名原文：Food Powders Properties and
Characterization
ISBN 978-7-5180-9935-1

Ⅰ．①食… Ⅱ．①埃… ②曹… ③唐… ④贾… Ⅲ．
①粉末-食品加工 Ⅳ．①TS205

中国版本图书馆 CIP 数据核字（2022）第 190831 号

责任编辑：闫 婷 金 鑫　　　　责任校对：王蕙莹
责任印制：王艳丽

中国纺织出版社有限公司出版发行
地址：北京市朝阳区百子湾东里 A407 号楼　邮政编码：100124
销售电话：010—67004422　传真：010—87155801
http://www.c-textilep.com
中国纺织出版社天猫旗舰店
官方微博 http://weibo.com/2119887771
北京华联印刷有限公司印刷　各地新华书店经销
2023 年 4 月第 1 版第 1 次印刷
开本：710×1000　1/16　印张：12
字数：232 千字　定价：168.00 元

凡购本书，如有缺页、倒页、脱页，由本社图书营销中心调换

译者序

食品粉碎后颗粒直径变小，其相关的特性也会发生改变。近年来，有关食品粉末的研究不断增加，食品粉末的应用也越发广泛。非常感谢中国纺织出版社有限公司的信任，受其邀请对 *Food Powders Properties and Characterization* 一书进行翻译。负责本书翻译工作的三位教师分别为黑龙江八一农垦大学曹荣安，云南农业大学唐卿雁，山东师范大学贾敏。曹荣安主要负责第 4 章、第 5 章、第 6 章的翻译工作，唐卿雁主要负责第 1 章、第 2 章和第 3 章的翻译工作，贾敏主要负责第 7 章、第 8 章、第 9 章和序言的翻译工作，三位译者一起对初稿进行了校译和修改，曹荣安同时也负责统稿。此外，感谢李美麒、谭安婷、张卉、敖冬慧、丁弋芯、胡云飞、杨丽丽等同学参与文稿的翻译工作。

翻译此书对译者来讲也是一个学习的过程，由于译者水平有限，译文中难免有疏漏之处，敬请广大同行和读者批评、指正。

译者
2023 年 2 月

序　言

　　食品粉末技术不断发展和进步，在分析和加工潜能方面取得重大进展，但是关于食品粉末技术这一领域的专著存在空白。基于此，我们非常荣幸地向尊敬的读者推荐《食品粉末性质和表征》一书。该书可为研究和处理食品粉末的师生、研究人员及企业技术人员提供帮助。本书的章节包括颗粒性质以及粉体性质的相关方面，主要着眼于对粉末特性的全面概述，以及对食品粉末相关的前沿研究工作的深入解析。

　　在本书中会讨论食品粉末的物理和化学特性及其对食用粉末特性的影响，此外，有些章节重点介绍了颗粒的性质、颗粒的改性、结块-抗结块机制、果渣中的粉末以及食品粉末的微生物学评估，另外还包括有关高蛋白质含量食品粉末复水特性的章节。我们希望这本书将有助于填补该领域中的知识空白。

　　我们非常感谢施普林格·自然出版社的宝贵指导和合作。此外，感谢所有参与本项目的作者。

埃尔坦·埃尔米什

土耳其，伊斯坦布尔

2020 年 4 月

目　　录

第1章 食品粉末的堆积特性

Banu Koç, Mehmet Koç 和 Ulaş Baysan

B. Koç（）*
土耳其加济安泰普大学（*Gaziantep University*）美术、美食及烹饪艺术系
电子邮箱：*banukoc@gantep.edu.tr*

M. Koç · U. Baysan
土耳其 *Aydın Adnan Menderes* 大学工程学院食品工程系

1.1 堆积密度

堆积密度是粉末状产品包装和运输过程中一个重要的质量标准，此外堆积密度还提供了关于最终产品是否被磨碎到预期尺寸或干燥至目标含水量的信息。因此，确定颗粒的堆积密度意味着可以从工业角度衡量产品贮藏、运输、产品标准化和加工效率的成本。

堆积密度值最常见的定义是，粉末产品装入具有一定体积的包装材料中所测得的质量。换言之，当粉末刚刚装满了体积为 V 的容器，粉末的质量为 m 时，则粉末的堆积密度为 m/V。在确定粉末堆积密度的数值后，有必要对这些结果进行评估和解释。

随着时间的推移，颗粒倾向于向容器底部移动。由于颗粒的这种运动，堆积密度随着时间的推移而增加。单位体积沉降的物质数量（m/V）增加，导致密度增加，这种密度的变化取决于非占用体积函数所描述的孔隙率（Barbosa-Canovas et al.，2005）。因此，堆积密度被定义为"占据容器单位体积的颗粒质量"，而孔隙率则被定义为"容器内孔隙体积除以容器的总体积"，单位体积粉末的颗粒密度与这两种性质有关。孔隙率可以很好地预测块状固体中颗粒的球形度或不规则性，正常的球体颗粒平均孔隙率计算值为 0.4 或 40%，而形状不规则或细小颗粒的孔隙率较高（Woodcock et al.，1987）。高孔隙率是粉末状产品储存和运输过程中可能影响物流和经济问题的一个标志因素（Fasina，2007）。

考虑到产品类型和颗粒性质，粉体的堆积密度以充气密度、注入密度和振实密度来衡量（Barbosa-Canovas, Juliano，2005），应根据工艺技术和条件、粉体的用途和结构来谨慎选择、应用和阐释这些定义。尽管每个术语的定义都有标准规程，但它们远不具有普遍性，对这些术语的解释仍然令人困惑。例如，一些研究人员认

为注入密度是松散的堆积密度，而其他研究者则认为表观密度就是注入密度（Fasina，2007）。一些研究人员评价说，充气密度仍然是粉末充气后的堆积密度。然而，充气密度可以被定义为"颗粒间被一层空气隔开不直接接触"的堆积密度。因此，在开始推断之前，必须很好地理解堆积密度的相关概念。

注入密度的概念被广泛使用，表示"通过测量一个未装样品的容器的体积，然后称量加入自由倒入的粉末的容器，从而确定粉末样品的质量-体积比"。然而，注入密度的测定会根据不同行业或公司的条件进行调整，这样会带来许多困难：注入粉末时应调整到相同的高度；应使用固定高度和直径的容器等。因此，粉体注入密度测定方法还无法进行标准化，要具体到每个公司和测定条件。

粉末以最松散的形式填充的方式被定义为充气密度，将具有分散形式的颗粒注入测量用的圆柱形容器中。另一种应用是气体流态化，有时采用气体流态化，将气流缓慢关闭，由于结构坍塌，很难将容器顶部调平。

振实堆积密度是指"通过敲击、摇晃或振动测量容器，使粉末形成比注入状态更紧密包装的堆积密度"。振实密度由填充在测量容器中的样品压缩量所决定。尽管振实操作可以手动进行，但最好采用仪器设备进行振实密度的测量，因为这种测量是近似标准化的，并且可以重复样品制备条件。

上述定义旨在确定孔隙率，孔隙率的测定为我们提供了颗粒在粉末中的状态信息。孔隙率和堆积密度是影响粉末颗粒流动特性和性质最有效的参数之一。在确定包装材料的尺寸，仓储运输产品的体积，管道系统中的颗粒特性，以及拆封产品所需的包装开口时，确定粉末流体特性显得尤为重要。

1.1.1 工艺方法和条件对堆积密度的影响

食品粉末的堆积密度取决于颗粒间引力的强度、每个颗粒内部的空气（闭塞空气含量）和各个颗粒之间的空气（间隙空气）、颗粒密度、颗粒大小、表面活性和粉末黏附程度（Barbosa-Canovas et al.，2005；Walton，2000）。最终的粉末产品可能产生不理想的结构变化，如收缩、变形、膨胀、结壳等，这取决于干燥过程中的蒸发速率。在干燥过程中，液滴内形成一个壳层，壳层的厚度随干燥速率变化而变化。在干燥速率较高的情况下，可以得到壳薄、密度低的大颗粒，而在较低的干燥速率下，则得到壳厚且密度高的小颗粒。根据颗粒所处的温度条件，在干燥过程中，壳内的水分蒸发对壳形成压力，结果导致壳破裂并形成空心球。粉末食品的形态特性与堆积性能直接相关（Schubert，1987）。众所周知，在干燥过程中，液滴的形态（大小、形状和外观）会发生复杂的变化，这些特性的维持与颗粒的孔隙率和完整性有关。从形态上看，喷雾干燥产生的颗粒通常表面光滑，呈球形，具有最小的比表面积（香气保存率）、最大的堆积密度（最佳包装）和最好的流动性

（Kurozawa et al. ，2009）。

在干燥前，物料的干物质含量也影响最终产物的形态（Koç et al. ，2011）。通过增加进料液的干物质含量或降低进料温度来提高物料黏度，会导致在雾化过程中形成较大的颗粒（Masters，1991；Mujumdar，2007）。据报道，在雾化过程中表面张力的影响很小，但物料干物质含量的增加对蒸发特性有影响，通常会增加堆积密度（Masters，1991；Eisen et al. ，1998；Mermelstein，2001）。大颗粒比小颗粒占有更多的孔隙体积，颗粒之间的间隙减小，因此，在一定直径范围内，小颗粒的堆积密度更大（Al-Kahtani et al. ，1990；Grabowski et al. ，2006）。颗粒形状对粉末产品的堆积密度也有影响。由于球形颗粒的间隙空气含量较低，因此在其他条件保持不变的情况下，球形颗粒具有最高的堆积密度值。当粉末主要由空心颗粒组成时，粉末的堆积密度可能很小。因此，具有光滑和均匀的表面、尺寸小、呈球形的颗粒，其堆积密度较大，而高堆积密度是降低运输和包装成本的理想选择（Bicudo et al. ，2015）。规则的球形颗粒形状可以最大限度地减少间隙空气的量，调控空气的滞留量会导致堆积密度更高或更低，例如，进料液的搅拌或均质可能导致液体内部产生气泡，然后在液滴和最终的粉末颗粒产品中存在气体。

由于颗粒之间的空隙大，所以堆积密度低的产品容易氧化并且储存稳定性差（Koç et al. ，2011）。低堆积密度是不可取的，因为会使产品包装体积更大，包装材料成本和存储面积增加。水分含量、密度、颗粒的形状和大小、进料速度、粉末温度、物料固形物含量、雾化类型、喷雾干燥机的逆流装置使用情况等因素都会直接影响堆积密度（Walton，2000）。

表 1.1 简要总结了关于评价不同产品和不同干燥方法/条件下堆积密度的研究。随着粉末含水率的增加，堆积密度相应降低，这是水分增加低于相应的体积膨胀，导致质量增加的结果。Peleg 等（1973）和 Peleg，Moreyra（1979）观察到随着水分含量的增加，水溶性粉末的堆积密度降低。粉末堆积密度的降低归因于颗粒间液桥的存在，这使颗粒之间的间距更大，并且如果颗粒没有黏性，会形成一个更开放的结构。粉体的水分含量与玻璃化转变温度有关，水分含量降低了粉末的玻璃化转变温度，这是因为增塑剂强烈地影响了非晶形亲水聚合物产品的玻璃化转变温度。随着含水量的增加，分子迁移率增大，玻璃化转变温度降低（Braga et al. ，2018）。因此，粉末的玻璃化转变温度是影响堆积密度的另一个因素。堆积密度还受粉末产品的表面成分、颗粒之间的引力、表面活性和黏附程度的影响（Fayed et al. ，1997）。堆积密度既取决于粉末中单个颗粒的颗粒密度和特性，又与加工方法和条件有关。

堆积密度也受载体剂组成和比例的影响，并随着脂肪含量的增加而降低。有研究表明，随着载体剂浓度的增加，堆积密度降低，这可能是由于进料黏度的增加和

表 1.1 不同干燥方法/条件对堆积密度的影响

食品粉末	干燥方法	干燥条件	水分含量/%	堆积密度/（kg·m⁻³）	振实堆积密度/（kg·m⁻³）	主要结果	参考文献
鸡肉水解蛋白粉	喷雾干燥	载体剂：麦芽糊精（10DE）和阿拉伯胶 浓度：10%、20%和30%（w/w） 二流体喷嘴 $T_{入口}$：180℃ $T_{出口}$：90~102℃ $V_{进料}$：300~500 mL/min	无载体剂-1.8±0.1 MD10-1.5±0.1 MD20-1.4±0.1 MD30-1.2±0.1 GA10-1.7±0.1 GA20-1.5±0.1 GA30-1.2±0.1	无载体剂-383±7.2 MD10-330±6.1 MD20-305±1.6 MD30-295±2.5 GA10-330±13.3 GA20-311±7.5 GA30-295±8.2	—	堆积密度随物料浓度的增加而降低（0~30% MD 或 GA）	Kurozawa 等（2009）
木鳖子果皮粉	喷雾干燥	载体剂：麦芽糊精（12DE） 浓度：10%、20%和30%（w/w） 二流体喷嘴 $T_{入口}$：120℃，140℃，160℃，180℃和200℃ $T_{出口}$：83℃，94℃，103℃，112℃和120℃ $V_{进料}$：12~14 mL/min	MD10-4.87±0.71 MD20-4.54±0.54 MD30-4.06±0.47 DT-120-5.29±0.50 DT-140-4.81±0.49 DT-160-4.47±0.48 DT-180-4.01±0.18 DT-200-3.88±0.35	720±0.05 700±0.06 730±0.07 780±0.05 740±0.05 700±0.03 690±0.05 660±0.04	—	干燥温度显著影响木鳖子果皮粉的堆积密度，随着干燥温度的升高，密度降低	Kha 等（2010）
微胶囊化迷迭香精油粉	喷雾干燥	壁材阿拉伯胶浓度：10%~30%（w/v） 二流体喷嘴 $T_{入口}$：135~195℃ $V_{进料}$：0.5~1 L/h CCRD 设计	0.26~3.16	250~360	在 410~520 范围内	堆积密度与壁材浓度呈正相关，而与入口空气温度、流速和空气温度相互作用呈负相关，振实密度受温度变化的影响显著	de Barros Fernandes 等（2013）

续表

食品粉末	干燥方法	干燥条件	水分含量/%	堆积密度/(kg·m⁻³)	振实堆积密度/(kg·m⁻³)	主要结果	参考文献
罗望子粉	喷雾干燥	载体剂：麦芽糊精（20 DE），阿拉伯胶和浓缩乳清蛋白 浓度：麦芽糊精 MD GA 50% 和 60%，WPC 10%，20% 和 30% $T_{入口}$：180℃ $T_{出口}$：80℃ $V_{进料}$：600 mL/h	MD40–7.11 MD50–6.00 MD60–4.48 GA40–5.60 GA50–4.54 GA60–3.65 WPC10–5.04 WPC20–6.58 WPC30–7.15	MD40–685 MD50–594 MD60–503 GA40–658 GA50–568 GA60–490 WPC10–492 WPC20–467 WPC30–391	—	随载体剂添加速率的增加，罗望子粉的堆积密度降低	Bhusari 等（2014）
葵花籽油和棕榈油微胶囊	喷雾干燥	二流体喷嘴 逆流喷雾干燥水分蒸发速率：20 L/h $T_{入口}$：185℃ $T_{出口}$：80℃或90℃	SO-L: 2.27 SO-H: 1.77 PO-L: 2.29 PO-H: 1.81	SO-L: 410 SO-H: 350 PO-L: 400 PO-H: 340	—	对于所有粉末，无论使用何种类型的油，在较高出口温度下生产的粉末比在较低出口温度下的堆积密度更低	Kelly 等（2014）
麦芽糊精	喷雾干燥	$T_{入口}$：140℃ 和 200℃ $T_{进料}$：10℃ 和 50℃ $V_{进料}$：2.1×10⁻⁴ kg·s⁻¹ 和 9.6×10⁻⁴ kg·s⁻¹ $V_{气流}$：1.3×10⁻⁴ m³·s⁻¹ 和 1.9×10⁻⁴ m³·s⁻¹	3.81~11.13	245.2~349.1	402.4~572.9	堆积密度受除了雾化气流以外所有自变量的影响，而振实密度则分别受入口空气温度和进料流量的影响	Koç 和 Kaymak-Ertekin（2014）

续表

食品粉末	干燥方法	干燥条件	水分含量/%	堆积密度/（kg·m⁻³）	振实堆积密度/（kg·m⁻³）	主要结果	参考文献
番石榴粉	喷雾干燥	载体剂：麦芽糊精（10 DE）浓度：10%，15%和20%（w/v）二流体喷嘴 $T_{入口}$：150℃，160℃和170℃ $V_{进料}$：350 mL/h	MD10%：3.34，3.07和2.59 MD15%：3.18，3.02和2.48 MD20%：2.96，2.75和2.32	MD10%：403，377和342 MD15%：449，433和423 MD20%：428，418和395	MD10%：479，458和421 MD15%：516，503和491 MD20%：503，495和483	堆积密度和振实密度随入口温度的升高而降低。除最大值外，堆积密度达到15% MD浓度和振实密度随MD浓度的增加而增大	Shishir 等（2014）
乌墨果汁粉（Jamun fruit juice powder）	喷雾干燥	载体剂：麦芽糊精（20 DE，1∶4 w/v）二流体喷嘴 $T_{入口}$：140~170℃ $T_{出口}$：80℃ $V_{进料}$：10 mL/min	在（3.22±0.09）~（4.18±0.09）范围内	在（240±0.02）~（260±0.03）范围内	在（380±0.02）~（480±0.03）范围内	不同入口温度条件下生产的乌墨果汁粉（Jamun fruit juice powder），其堆积密度差异不显著，而振实密度差异显著	Santhalakshmy 等（2015）
微胶囊化特级初榨橄榄油粉（MEVOP）	喷雾干燥	载体剂：麦芽糊精和WPC浓度：0~100% $V_{均质}$：10000~20000 r/min 二流体喷嘴 $T_{入口}$：200℃ $V_{进料}$：5~8 mL/min D-最优混合设计	在0.41~2.54范围内	在205~530范围内	在403~761范围内	水分与MEVOP的堆积密度呈负相关。壁材组成对堆积密度和振实密度有显著影响	Koç 等（2015）

6

续表

食品粉末	干燥方法	干燥条件	水分含量/%	堆积密度/(kg·m⁻³)	振实堆积密度/(kg·m⁻³)	主要结果	参考文献
西瓜粉	喷雾干燥	载体剂：麦芽糊精 二流体喷嘴 $T_{入口}$：120℃，130℃，140℃ 和150℃ $T_{出口}$：85℃	2.09 ± 0.02 1.98 ± 0.45 1.78 ± 0.11 1.43 ± 0.04	460 ± 0.01 450 ± 0.01 470 ± 0.02 430 ± 0.01	—	西瓜粉的堆积密度受入口温度的影响	Yue 等 (2018)
种子胶	真空干燥，喷雾冷冻干燥	均质-胶溶液：10% (w/v) 干样品研磨：1.0 mm 筛 105℃ 3 h，60℃ 24 h，29 MPa 离心喷雾 $T_{入口}$：160℃ $T_{出口}$：80~85℃ $P_{雾化}$：552 kPa $V_{进料}$：50 mL/min -20℃，24 h 然后-40℃，48 h	—	203 195 179 173	253 244 206 197	干燥过程对堆实密度有显著影响。冷冻干燥胶体的堆积密度和振实密度最低，而烘干样品的值最高	Mirhosseini 和 Amid (2013)
咖啡	喷雾冷冻干燥	喷嘴：二流体喷嘴 $V_{进料}$：6 mL/min 主干燥：-25℃~-10℃ 107 Pa 二次干燥：10℃ 40 Pa 二流式雾化 $T_{入口}$：150℃ $T_{出口}$：100℃ $T_{搁板}$：40~10℃	8.665 ± 0.001 5.347 ± 0.498 8.847 ± 0.129	612 ± 0.007 328 ± 0.002 345 ± 0.006	679 ± 0.008 388 ± 0.001 361 ± 0.004	冻干咖啡的体积密度比喷雾冷冻干燥样品的低。在喷雾干燥过程中干燥温度的降低可能导致了咖啡粉的堆积密度和溶解度的同时增加	Ishwarya 等 (2015)

续表

食品粉末	干燥方法	干燥条件	水分含量/%	堆积密度/(kg·m⁻³)	振实堆积密度/(kg·m⁻³)	主要结果	参考文献
微胶囊化维生素E粉	喷雾冷冻干燥	载体剂：WPC（1:3 w/v） 喷嘴：二流体喷嘴 主干燥：-25 ~ -10℃，106.64 Pa 二次干燥：10℃ 0.3 Pa	5.41±0.24	266±2.40	321.34±2.57	在这些产品中，冻干和喷雾冷冻干燥微胶囊外部空间较多，因此堆积密度较低，体积较大	Parthasarathi 和 Anandharama-krishnan (2016)
		二流体喷嘴 T入口：100℃ T出口：80℃	6.99±0.21	266±2.40	513.26±6.69		
	冷冻干燥	V进料：4 mL/min，-25℃，2 h 然后 T搁板：-25~20℃ 主干燥：8~18 h，10.13~106.64 Pa 二次干燥：25℃，2 h	7.16±0.52	227±1.69	280.27±2.79		
微生物合氨酰胺转胺酶	喷雾冷冻干燥	喷嘴：超声，48 kHz V进料：6.37 mL/min 主干燥：100 Pa，6 h 二次干燥：1 Pa，2 h	7.04±0.08	152.30±0.08	244.32±1.50	冻干粉的堆积密度相对较低，孔隙率较高。冻干颗粒密度较大，形状不规则，随着单位体积接触面积的减小，颗粒间隙随之增加，可能是导致其比喷雾冻干样品具有更低的堆积密度的原因	Isleroglu 等 (2018)
		-80℃，4 h，然后 主干燥：100 Pa，6 h 二次干燥：1 Pa，2 h	8.64±0.33	118.26±2.37	231.76±6.07		

续表

食品粉末	干燥方法	干燥条件	水分含量/%	堆积密度/(kg·m⁻³)	振实堆积密度/(kg·m⁻³)	主要结果	参考文献
麦芽糊精	喷雾-冷冻	喷嘴：超声，48 kHz $V_{进料}$：8 mL/min $T_{搁板}$：25~45℃ 主干燥：1 Pa，6~16 h 二次干燥：0.01 Pa，2 h CCRD 设计	在 (2.20±0.05) ~ (3.18±0.13) 范围内	在 (71.3±0.1) ~ (89.6±3.9) 范围内	在 (118.9±1.2) ~ (138.0±4.5) 范围内	堆积密度和振实密度受所有自变量的影响	Turker 等 (2018)

注：SO 葵花油，PO 棕榈油，下标 L 和 H 对应干喷雾干燥出口温度较低（80℃）和较高（90℃），CCRD 中心旋转组合设计，FD 冷冻干燥，SFD 喷雾冷冻干燥，SD 喷雾干燥，MD 麦芽糊精，GA 阿拉伯胶，WPC 乳清浓缩蛋白，DT 干燥温度，DE 葡萄糖当量。

粒度的随之增大（Bhusari et al.，2014；Goula et al.，2004；Fazaeli et al.，2012；Kurozawa et al.，2009；Kha et al.，2010；Yousefi et al.，2010）。如表 1.1 所示，随着鸡肉水解蛋白粉进料浓度（0~30%麦芽糖或阿拉伯胶）的增加，粉末堆积密度降低。根据 Goula 和 Adamopoulos（2004）的研究，由于粒度的增加，进料浓度增大通常会降低堆积密度。含麦芽糊精的罗望子果粉与含阿拉伯胶和乳清浓缩蛋白的罗望子果粉相比，其堆积密度最高。微胶囊化特级初榨橄榄油粉末（MEVOP）的堆积密度随壁材组合中乳清浓缩蛋白比例的增大而增加，由于麦芽糊精比例最高的 MEVOP 的粒度较大，所以堆积密度最高。较重的物质更容易容纳在颗粒之间的空隙中，从而产生更高的堆积密度（Tonon et al.，2010）。同样，可以观察到喷雾干燥后芒果粉具有较高的孔隙率或较低的堆积密度，这是由于添加了麦芽糊精，而麦芽糊精葡萄糖当量的增加导致堆积密度增大。这是由于麦芽糊精的葡萄糖当量（DE）越高，其玻璃化转变温度越低（Adhikari et al.，2004；Goula et al.，2010；Fazaeli et al.，2012）。Shrestha 等（2007）研究表明，麦芽糊精浓度的增加，使橙汁粉的堆积密度降低。Goula 和 Adamopoulos（2010）还解释说，麦芽糊精被认为是一种成膜材料，通过将它作为载体，可诱导空气在颗粒内部积聚和滞留，使其密度和多孔性降低。相反，一些研究报告称，随着载体剂的增加，最终产品的堆积密度增加（Sablani et al.，2008；Miravet et al.，2015；Nadeem et al.，2011）。载体材料的类型和性质对粉末的堆积密度有显著影响。

雾化器是喷雾干燥设备最重要的组成部分，它的选择和操作对于保持产品质量，同时实现经济高效的生产是非常重要的（Masters，1991）。通过有效雾化可以产生更小的颗粒，因此有望在更高的雾化压力下获得较低的堆积密度。堆积密度随雾化速度的增加而减小，这与样品的粒度和含水量有关。与喷嘴雾化相比，旋转式雾化通常产生粒度更大的颗粒。二流体喷嘴雾化器可得到粒度最小的颗粒。

关于干燥温度对喷雾干燥器生产粉末的堆积密度的影响存在争议。一般来说，入口温度的升高通常会导致堆积密度的降低，这是由于蒸发速率更快，产品被干燥为更多孔或破碎的结构（Eisen et al.，1998；Mujumdar，2007）。入口温度对堆积密度的影响如表 1.1 所示。干燥温度对木鳖子果皮粉、黑桑椹粉和番石榴粉的堆积密度有显著影响，随干燥温度的升高，堆积密度逐渐降低。这与许多研究的结果一致，即增加进风干燥温度，会降低堆积密度（Walton et al.，1999；Cai 和 Corke，2000；Goula et al.，2004；Chegini et al.，2005）。在较高的温度条件下，达到很高的干燥程度意味着液滴的收缩率更低，因此粉末密度较低（Walton，2000；Chegini et al.，2005）。在不同的入口温度下生产的乌墨果汁粉（Jamun fruit juice powder）在堆积密度上差异不显著。入口温度为 155℃时物料的堆积密度最高，而入口温度为 150℃时，堆积密度最低。Kelly 等（2014）报道称，对于所有粉末，无论使用哪种类型的油，在较高出口温度下生产的粉末与低出口温度下的粉末相比，其堆积密度更低。

同样的材料，采用不同的干燥方法，会产生堆积密度完全不同的两种粉末。冻干粉末的堆积密度很低，这是由先前被冰晶占据的针状空隙造成的。Isleroglu 等（2018）报道冻干粉末具有相对较低的堆积密度和振实密度，这与其高孔隙率有关。冻干后的颗粒粒度较大，形状不规则，随着单位体积接触面积减小，颗粒间空隙增加，可能导致其堆积密度低于喷雾冻干样品。Ishwarya 和 Anandharamakrishnan（2015）也报道了类似的发现，冻干咖啡的粒度比喷雾冷冻干燥咖啡的大。在这项研究中，他们证实了与喷雾干燥的咖啡样品相比，喷雾冷冻干燥咖啡的振实堆积密度更高。Caparino 等（2012）研究了四种干燥方式［折射窗干燥（Refractance Window® drying，RW）、冷冻干燥、滚筒干燥和喷雾干燥］对芒果粉堆积密度的影响，研究表明，与滚筒式和 RW 干燥产品相比，冷冻和喷雾干燥的芒果粉具有较低的堆积密度和更高的孔隙率。

1.2　流动性

粉末的流动是由单个颗粒的运动和颗粒的整体运动引起的，颗粒流动发生在粉末中其他颗粒的表面或容器的壁面上（Peleg，1977）。可以通过定量和定性方法测定粉末流动性，可以为设备的设计和性能评估提供信息（Sutton，1976）。粉末产品的流动性对散体物料的运输和储存过程至关重要（Chen，1994），对于具有流动性的产品，从一地到另一地的储存和运输不会造成很大的困难。液体从一点输送到另一点是很容易的，但由于颗粒间的内聚力、颗粒表面的摩擦和容器壁面上的黏附作用，粉末的输送则较为困难。流动性强的粉末颗粒具有球形、表面光滑、直径大、无结块的特点，而流动性差的粉末颗粒黏性大、表面粗糙、呈非球形（Walton，2000）。影响粉末流动性的主要因素有重力、摩擦力、内聚力和黏附力，内聚力是颗粒间的引力，而黏附力是颗粒与壁面之间的引力。此外，颗粒的组成和特性（尺寸、形状、密度和形态）是粉末流动性的影响因素。一般情况下，粒度分布较窄的物料比粒度分布较宽的具有更好的流动性（Benković et al.，2012）。此外，通常认为粒度大于 200 μm 的物料是自由流动的，而粒度小于 200 μm 的细粉则存在内聚力和流动性问题（Fitzpatrick，2005；Teunou et al.，1999；Fitzpatrick，2007）。颗粒的表面积随粒度的减小而增大。在这种情况下，黏性结构的增加也可能导致水分含量的增加，因此在粉末中会出现流动性问题。如上所述，黏性结构是由颗粒形成的桥对颗粒表面产生的内聚力和颗粒与容器壁之间的黏附力共同作用的结果。随着粉末含水量的增加，其内聚力和黏附力也随之增大。因此，粉末流动性受到不良影响（Johanson，2005）。此外，粉末的玻璃化转变温度被认为是评价产品在长期储存期间稳定性的一个重要因素。在适当的干燥条件下，如果将干燥温度提高到物料的玻璃化转变温度以上，就会产生黏稠状产品。尤其是玻璃化转变温度较低的富含糖和酸性成分的粉末，在加工和贮藏过程中容易相互黏附或黏附在接触到的表面，如干燥器、容器壁等。因此，得到了一种类似于结块的结构，而不是自由流动的粉末，并且粉末流动性变得更差（Roos，2003）。

食品工业有必要了解如下方面的信息：包装材料的尺寸，在筒仓中运输产品的体积，管道系统中颗粒的特性，以及拆封产品所需的包装开口。因此，食品工业可以从一些产品特征角度对其贮藏和运输性能进行评估。最常用的概念之一是休止角，因为它是实用、廉价和标准化的一项技术。静态休止角被定义为"物料停留在静止堆上的角度；它是粉体落在平台上时，堆坡与水平面形成的角度。"休止角低于 35° 的为自由流动；介于 35°~45° 之间表示有一定的内聚力，而大于 55° 则表示内聚力强，可能会引起物料流动的问题（Peleg，1977；Chang et al.，1998）。粒度、形状和含水量是影响休止角的重要因素，粒度增大会使休止角减小，因为较小的颗粒容易相互黏附（Teunou et al.，1995）。

在文献中，流动性一般用卡尔指数来表示（Carr，1965），它是堆积密度和振实密度的函数。如果卡尔指数值小于 15，则认为颗粒的流动性很好，在 15~20 之间为较好，在 20~35 之间为弱，在 35~45 之间为差，45 以上很差。此外，粉末流动性也可以用压缩性的概念来解释，表示为豪斯纳比（Hausner ratio，HR）。豪斯纳（1967）指出，可以通过粉体的振实密度与堆积密度的比例来计算豪斯纳比。当 HR 值小于 1.2 时，粉末产品黏性较低；1.2~1.4 时适中；大于 1.4 时，黏性较高。因此，卡尔指数和豪斯纳比的定义使粉末产品的流动性得以标准化。

1.2.1 工艺方法和条件对流动性的影响

影响粉末流动性的几个因素包括尺寸、形状和颗粒表面的组成（Teunou et al.，1999；Fitzpatrick et al.，2004），Teunou 等（1995）发现，随着粒度的增大，由于较小的颗粒彼此之间的黏附力会更强，因此休止角减小。粒度对粉末流动性有重要影响，平均粒度大、粒度分布窄、球形、表面光滑无黏性或脂肪成分的粉末流动性更好。Liu 等（2008）报道粒度的增加会导致豪斯纳比降低，这表明随着粒度的增大，流动性得以改善。含水量也是影响散体物料在贮藏期间内聚力的重要变量（Johanson，1978），内聚力一般随含水率的增加而增大（Fitzpatrick et al.，2004）。Teunou 等（1999）阐明了颗粒间形成液桥的强度取决于对水分的吸附，Chang 等（1998）研究发现，随着食品粉末水分含量的增大，豪斯纳比、休止角和剪切应力增加（所有这些都表明粉末的流动性下降），Zou 和 Yu（1996）观察到豪斯纳比随球形度的增加而减小。另外，形状不规则的粉末具有较低的流动性和较高的豪斯纳比，颗粒间的联锁性更强，内摩擦系数更高。不规则颗粒的这种性质被解释为由于颗粒间的联锁性，阻碍了它们运动，因此在粉末流动过程中颗粒间的摩擦增大（Chan et al.，1997）。

表 1.2 系统总结了各种产品和不同干燥方法/条件对流动性影响的一些研究。Gallo 等（2011）研究发现，休止角受雾化气流速和固体浓度的影响，降低雾化气流速和增加固体浓度可提高休止角。由于更大的液滴尺寸和更高的固体含量，会导致生产的颗粒更大。Yue 等（2018）的研究表明，在入口温度为 120℃ 条件下，喷雾干燥粉末的休止角明显低于在其他温度条件下干燥的粉末。作者还发现，尽管粒度相同，在 150℃ 条件下干燥的粉末，其休止角显著高于在 120℃ 干燥的休止角，他们认为这种差异是由于粉末在 120℃ 干燥时水分含量较高造成的。Nep 和 Conway（2011）报道了干燥过程对休止角的显著影响，Mirhosseini 和 Amid（2013）也发现了类似的结果，作者指出，烘箱干燥胶体的休止角最大，而喷雾干燥和冷冻干燥的胶体在所有干燥样品中休止角最小（表 1.2）。这种情况可以被解释为，物料在烘箱高温（105℃）下干燥可能导致胶体结构坍塌，较高的干燥温度可能会引起物料的热降解，使粉体更致密和坚硬、孔隙率更低（Mirhosseini et al.，2013）。Ishwarya 和 Anandharamakrishnan（2015）发现豪斯纳比随粒度增大而减小，顺序为喷雾干燥<喷雾冷冻干燥<冷冻干燥。在喷雾冷冻干燥和喷雾干燥样品中平均粒度更小，表明在粉末中存在更多的细粉。与喷雾干燥相比，喷雾冷冻干燥咖啡具有更高的自由流动性，这可能是由于残留水分含量较高，非黏性本质（Geldart，1973）以及比喷雾干燥粉末更宽的粒度分布。冷冻干燥的咖啡粒度更大，随着单位体积接触面积的减小，颗粒间的空隙增加，可能比喷雾冷冻干燥样品（Ishwarya et al.，2015）流动性更好（Caparino et al.，2012）。Parthasarathi 和 Anandharamakrishnan（2016）的研究发现冻干维生素 E 粉末的豪斯纳比具有"顺畅通行"的流动特性，因为其规则的片状结构增加了摩擦力，而喷雾冷冻干燥微胶囊表现为"均匀"的流动特性（表 1.2）。

流动性还取决于干燥条件、载体剂的组成和配比，由表 1.2 可知，添加 40% 的麦芽糊精和阿拉伯胶的罗望子粉，豪斯纳比和卡尔指数较高。所有罗望子粉的流动性都较差，除了添加 20% 乳清浓缩蛋白的罗望子粉具有中等流动性，这可能是由于其粒度大，含水量适中（Bhusari et al.，2014）。de Barros Fernandes 等（2013）发现，迷迭香精油粉的流动性受温度变量的影响，二者呈负相关，且受入口空气温度和流量相互作用影响。此外，本研究中制备的粉末使用疏水性的壁材，会导致流动性降低。粉末颗粒的表面组成对其流动性有重要影响，脂肪含量对流动性也有影响；表面未包封脂肪含量较高的粉末，容易黏在一起形成结块，阻碍流动（Fitzpatrick et al.，2004）。

表 1.2 不同干燥方法/条件对流动性的影响

食品粉末	干燥方法	干燥条件	水分含量/%	颗粒尺寸/μm	休止角/(°)	卡尔指数/%	豪斯纳比	主要结果	参考文献
鼠李皮（Rhamnus purshiana）提取物粉末	喷雾干燥	载体剂：胶体二氧化硅比率：0.5：1 和 1：1 二流体喷嘴 $T_{入口}$：130~170℃ $T_{出口}$：44~96℃ $V_{气流}$：400~800 L/min $V_{进料}$：1~3 mL/min 物料浓度：5.59%~7.32%（w/w） 2^{5-1}因素设计	在（2.41±0.08）~（4.72±0.28）范围内	在（7.94±0.08）~（14.43±0.85）范围内	在 27~36 范围内	在（16.84±2.70）~（28.23±2.78）范围内	—	高固体含量，高载体含量和低雾化气流量，使粉末具有良好的流动性	Gallo 等（2011）
迷迭香精油粉		壁材阿拉伯胶浓度：10%~30%（w/v） 二流体喷嘴 $T_{入口}$：135~195℃ $V_{进料}$：0.5～1 L/h CCRD 设计	在 0.26~3.16 范围内	—	—	在 23.09~40.22 范围内	在 1.30~1.67 范围内	HR 和 CI 值仅受温度的显著影响	de Barros Fernandes 等（2013）

续表

食品粉末	干燥方法	干燥条件	水分含量/%	颗粒尺寸/μm	休止角/(°)	卡尔指数/%	豪斯纳比	主要结果	参考文献
番石榴粉	喷雾干燥	载体剂：麦芽糊精（10 DE）浓度：10%、15%和20%（u/v）二流体喷嘴 T入口：150℃、160℃和170℃ V进料：350 mL/h	MD10%：3.34、3.07和2.59 MD15%：3.18、3.02和2.48 MD20%：2.96、2.75和2.32	MD10%：12、12.5和13.2 MD15%：10.4、11.0、和12.9 MD20%：12.9、13.6和14.0	—	MD10%：1.20、1.23和1.24 MD15%：1.15、1.16和1.18 MD20%：1.20、1.21和1.22	MD10%：17.3、19.0和20.3 MD15%：13.4、14.3和115.6 MD20%：17.1、17.9和18.6	HR和CI值随温度和MD浓度的升高而增大。15%MD样品的HR和CI值较低，流动性较好。粒度较低，堆积密度较高，可能使得粉末具有良好的流动性	Shishir等（2014）
罗望子粉	喷雾干燥	载体剂：麦芽糊精（20 DE）阿拉伯胶和浓缩乳清蛋白浓度：MD和GA含量分别为40%、50%和60%，WPC含量分别为10%、20%和30% T入口：180℃ T出口：80℃ V进料：600 mL/h	MD40—7.11 MD50—6.00 MD60—4.48 GA40—5.60 GA50—4.54 GA60—3.65 WPC10—5.04 WPC20—6.58 WPC30—7.15	—	—	MD40—1.42 MD50—1.28 MD60—1.34 GA40—1.52 GA50—1.37 GA60—1.29 WPC10—1.29 WPC20—1.23 WPC30—1.28	MD40—29.83 MD50—21.83 MD60—24.41 GA40—34.16 GA50—28.74 GA60—24.27 WPC10—21.97 WPC20—19.34 WPC30—20.47	含20%WPC的罗望子粉表现出中等流动性，可能是由于其粒度大，含水量中等	Bhusari等（2014）

食品粉末	干燥方法	干燥条件	水分含量/%	颗粒尺寸/μm	休止角/(°)	卡尔指数/%	豪斯纳比	主要结果	参考文献
乌墨果汁粉（Jamun fruit juice powder）	喷雾干燥	载体剂：麦芽糊精（20 DE）（1:4 w/v）二流体喷嘴 $T_{入口}$：140~170℃ $T_{出口}$：80℃ $V_{进料}$：10 mL/min	在（3.22 ± 0.09）~（4.18 ± 0.09）范围内	—	—	在（36.10 ± 2.98）~（41.58 ± 4.51）范围内	在（1.57 ± 0.08）~（1.72 ± 0.14）范围内	喷雾干燥后的乌墨果汁粉具有相似的流动性，并是内聚性很强为认的粉末。在170℃下干燥的样品HR和CI值最高，而在140℃下干燥的样品HR和CI值最低。进风温度对豪斯纳比和卡尔指数均有影响	Santhala-kshmy等（2015）
西瓜粉	喷雾干燥	载体剂：麦芽糊精 二流体喷嘴 $T_{入口}$：120℃，130℃，140℃，150℃ $T_{出口}$：85℃	2.09 ± 0.023 1.98 ± 0.45 1.78 ± 0.11 1.43 ± 0.044	21.64 ± 1.22 18.21 ± 0.22 13.44 ± 0.36 21.21 ± 0.26	33.8 ± 0.52 41.5 ± 0.84 43.3 ± 0.96 45.4 ± 0.90	—	—	在120℃下干燥的粉末水分含量较高，其休止角明显低于其他干燥温度下其他干燥粉末的休止角	Yue等（2018）

续表

食品粉末	干燥方法	干燥条件	水分含量/%	颗粒尺寸/μm	休止角/(°)	卡尔指数/%	豪斯纳比	主要结果	参考文献
种子胶	真空干燥 喷雾冷冻干燥	均质-胶溶液:10%(w/v) 干样制粉: 1.0 mm过筛 105℃,3 h 60℃,24 h 34.5 kPa 离心喷雾 $T_{入口}$:160℃ $T_{出口}$:80~85℃ $P_{喷雾}$:552 kPa $V_{进料}$:50 mL/min -20℃,24 h 然后 -40℃,48 h	—	—	42.22 35.00 31.50 30.83	—	—	在所有干燥的样品中,烘箱干燥的胶体休止角最高,而喷雾干燥和冷冻干燥的胶体休止角最低	Mirhosseini 和 Amid (2013)
咖啡	喷雾冷冻干燥	喷嘴:二流体喷嘴 $V_{进料}$:6 mL/min 主干燥: -25~-10℃, 107 Pa 二次干燥:10℃ 40 Pa 二流体喷嘴 $T_{入口}$:150℃ $T_{出口}$:100℃ $T_{橱板}$:10~40℃	8.665±0.001 5.347±0.498 8.847±0.129	91.1 50.41 636.8	—	10±0.0001 15.5±0.707 4.5±0.707	1.11±0.0001 1.18±0.009 1.05±0.008	SFD和SD的流量均在中等流动区,而FD在自由流动区,随着粒度的增加,流量增大,流量顺序为SD<SFD<FD	Ishwarya 等 (2015)

食品粉末	干燥方法	干燥条件	水分含量/%	颗粒尺寸/μm	休止角/(°)	卡尔指数/%	豪斯纳比	主要结果	参考文献
微胶囊化维生素E粉	喷雾冷冻干燥	载体剂: WPC (1:3 w/v) 喷嘴: 二流体喷嘴 主干燥: -25~-10℃, 106.64 Pa 二次干燥: 10℃ 39.99 Pa 二流体喷嘴 $T_{入口}$: 100℃ $T_{出口}$: 80℃ $V_{进料}$: 4 mL/min -25℃, 2 h 然后 $T_{搁板}$: -25~20℃ 主干燥: 8~18 h, 10.13~106.64 Pa 二次干燥: 25℃, 2 h	5.41±0.24 6.99±0.21 7.16±0.52	145.3±65.5 195.8±46.6 279.0±23.2	—	16 32 20	1.19 1.47 1.25	与SD和FD微胶囊相比, SFD微胶囊的流动性较好	Parthasarathi 和 Anandharamakrishnan (2016)
麦芽糊精	喷雾-冷冻	喷嘴: 超声, 48 kHz $V_{进料}$: 8 mL/min $T_{搁板}$: 25~45℃ 主干燥: 100Pa, 6~16h 二次干燥: 1Pa, 2h CCRD 设计	在 (2.20±0.05) ~ (3.18±0.13) 范围内	—	—	在 (30.0±0.3) ~ (40.4±0.6) 范围内	在 (1.43±0.01) ~ (1.68±0.02) 范围内	豪斯纳比和卡尔指数值均受所有自变量的影响	Turker 等 (2018)

注: CCRD 中心旋转组合设计, HR 豪斯纳比, CI 卡尔指数, MD 麦芽糊精, GA 阿拉伯胶, WPC 乳清浓缩蛋白, FD 冷冻干燥, SFD 喷雾冷冻干燥, SD 喷雾干燥。

1.3　复水特性

对于许多食品粉末，尤其是通过干燥或研磨生产的粉末产品，复水是一个困难的过程。在食品干燥方面，复水的含义是指干制食品在含有大量水分的介质中保持或再次吸收先前损失的水分，从而达到食物的初始状态（Masters，1991）。特别是在复水过程中，当水在毛细管力的作用下，进入小颗粒（粒度< 100 μm）之间的狭窄区域时，颗粒开始溶解，在颗粒表面形成凝胶层。因此，水在颗粒之间的流动受到阻碍，这导致了中间有干燥颗粒团。为了防止这种情况的发生，并使颗粒得到均匀的分布，就需要强力的机械混合。颗粒的润湿性、沉降性、分散性和溶解度均会影响粉末的复水特性，此外，改变干燥方法和干燥条件也会导致颗粒复水性的改变，例如，采用冷冻干燥和渗透脱水方法干燥的产品复水性是不同的。提高干燥食品粉末复水性最有效的方法是团聚（Barletta et al.，1993），为了使颗粒团聚，粉末产品用蒸汽或湿热空气处理，这样颗粒表面就会形成凝露。100 μm 左右的小颗粒会凝聚为几毫米大小，以改善颗粒的润湿性，防止形成结块（Schubert，1987）。润湿的第一步是控制时间，简单固体是通过团块中孔隙的毛细管力作用润湿的（Pietsch，1999）。润湿性是指颗粒表面的吸水能力，这种性质很大程度上取决于粒度，小颗粒有较大的表面积（表面积，质量比），可能本身不吸湿，增大粒度或团聚颗粒可降低结块率。颗粒表面的性质也会影响润湿性，例如，粉末表面游离油脂的存在降低了润湿性，选择性地使用表面活性剂（如卵磷脂）可增加含油脂干粉末的润湿性（Barbosa-Canovas et al.，2005）。第二步取决于溶解，下沉或沉降是由团块的质量所控制的，是否容易发生润湿并不重要（Pietsch，1999）。沉降性被定义为颗粒迅速沉入水中的能力，沉降性主要取决于粒度和颗粒密度，大而密的颗粒比薄且轻的颗粒更易沉降。由于空气含量高，一些颗粒密度低，沉降性较差。最后，分散性随结块的形成而降低，当沉降性高时分散性增加，而溶解度主要取决于粉末的化学成分和物理条件。

1.3.1　润湿性

润湿性是粉末产品在毛细作用力影响下吸收液体能力的一个指标，通常它取决于粒度、密度、孔隙率、表面张力、表面积、产品中具有疏水性的物质以及颗粒的表面活性。根据这些参数，粉末的润湿性一般由粉末表面与渗透水的夹角来决定。因此，粉末的表面组成在粉末的润湿过程中起着重要的作用。疏水涂层材料所覆盖的表面润湿角度大，润湿性差。然而，覆盖吸湿涂层材料的表面表现出相反的效果，具有很高的润湿性。降低水的表面张力、油的熔点和高温，有助于增加粉状产品的润湿性。然而，质量大的粉末块对改善粉末的润湿性能有一定的作用（Hui et al.，2008）。粒度小于 100 μm 的粉末结构致密，颗粒间空隙很小，润湿性变差。因此，为了提高润湿性，粒度必须大于 100 μm。在这种情况下，水可以进入结块粉末的孔隙，然后颗粒可以被润湿，结块的颗粒可以迅速地彼此分离，重新变为它们原本的结构，这对粉末的快速分解很重要（Hui et al.，2008）。

1.3.2　沉降性

当粉末产品被润湿后，随着液体开始下沉，每个颗粒周围的气相逐渐转变为液相。在这一阶段，粉末颗粒也开始进入溶解过程（Kelly et al.，2003）。简单来说，沉降性定义为粉末颗粒落入液相或液体表面（Thomas et al.，2004）。颗粒密度和粒度是影响沉降性的主要因素，高密度颗粒比低密度颗粒沉降得快。体积大的颗粒含气量高，但由于它们的密度低，所以沉降率很低（Ortega-Rivas，2009）。当粉末颗粒的粒度小于 100 μm，密度约为 1.5 g/cm³ 时，颗粒容易在溶液中沉降（Schubert，1993；Hogekamp et al.，2003）。除了单个颗粒的物理结构外，颗粒的分子类型也影响沉降性。例如，由于奶粉的总密度高，其结块率会增加（尤其是含脂奶粉）。水分含量决定了乳糖结晶，并引起结块（Aguilar 和 Ziegler，1994；Nijdam 和 Langrish，2006）。特别是，起泡和溶胀特性明显阻碍了颗粒沉降（Freudig et al.，1999）。在粉末复水的第一阶段，由于组分的分子量高，颗粒的密度增加。乳糖和矿物质等成分的溶解增加了溶液的密度。颗粒与溶液的密度差会逐渐减小，并阻碍沉降，这种情况导致颗粒在第一个沉降阶段后上升。在工业和实验室测定中，粉末产品的润湿也被认为是颗粒开始在溶液中下沉的时刻。考虑到这些评价，沉降性和润湿性这两个术语可以互换使用（Fang et al.，2007）。

1.3.3　分散性

分散性是指絮状或结块的粉末产品采用低混合条件在溶液中分散的能力（Hui et al.，2008）。粉末产品开始润湿和下沉，迅速分离为单个颗粒，然后开始溶解在溶液中。在鉴别粉末产品是否为速溶产品时，分散的速度是很重要的（Fang et al.，2007）。对食品粉末的研究表明，分散性随粒度的增大而增大，随细颗粒（≤90 μm）比例的增加而减小（Vojdani，1996）。一般情况下，当粒度小于 125 μm 的颗粒数量较多时，颗粒会在容器底部形成浆液状。孔隙率高或密度高是影响颗粒良好分散性的重要因素（Goalard et al.，2006）。

1.3.4　溶解性

溶解是复水过程的最后阶段，是评价粉末在液相中性能的一个非常可靠的因素（Jouppila et al.，1994），它通常是决定复水质量的关键因素。不溶性指数常用于评价复水过程中的溶解度。用蛋白质含量高的原料生产粉末时，不溶性物质的指标成为一个重要的特征，因为蛋白质的性质和溶解度是密切相关的。蛋白质的溶解度主要受干燥过程的影响，因为在这个过程中，蛋白质分子可以被乳化、发泡和胶凝。最重要的是，干燥过程会引起蛋白质变性。蛋白质的溶解度取决于其结构、所含的变性颗粒以及液体介质的性质，如温度和 pH 值，pH 值和温度的负向变化可使正常的束缚结构发生生物学失活，或转变为随机的自由结构，未结合的蛋白质结构导致两个蛋白之间的交联，以及静电、氢键和二硫键相互作用。不仅蛋白质的变性对溶解度有重大影响，而且蛋白质的聚合、凝固和坍塌也会改变溶解度。奶粉的溶解度、贮存时间和温度的增加，造成在奶粉表面形成交叉蛋白网络，而降低了其溶解度，这些交叉蛋白网络阻止了水的渗入，从而阻碍了粉末颗粒的复水（Chen et al.，2008）。

1.3.5　工艺方法和条件对复水性的影响

粉末的复水性受原料性质、载体材料、含水量、粒度、颗粒结构和干燥方法/条件的影响，高孔隙率或大孔径有利于颗粒快速润湿。沉降性主要取决于粒度和密度，因为粒度更大、密度更高的颗粒通常比更细、更轻的颗粒沉降得快。表 1.3 列出了不同产品和干燥方法/条件对复水性影响的研究。Laokuldilok 和 Kanha（2015）研究发现，增加入口空气温度可以提高花青素粉的溶解度和分散性，这一结果与 de Barros Fernandes 等（2013）关于迷迭香精油微胶囊、龙眼饮料粉（Kunapornsujarit et al.，2013）、番茄（Goula et al.，2005）、酸奶粉（Koç et al.，2014）、甜酸奶粉（Seth et al.，2016）等的研究一致，而与另一些研究结果则相反（de Barros Fernandes et al.，2013；de Sousa et al.，2008）。较高的进风温度比较低的温度能更快去除喷雾干燥粉末的潮湿表面，并成功地减少了结块的形成。Laokuldilok 和 Kanha（2015）也发现冷冻干燥粉末比喷雾干燥的溶解度更好。冻干粉末由于多孔结构，比喷雾干燥粉末具有更高的吸湿性，因此，冻干粉末能迅速从周围环境中吸收水分，导致表面湿润并形成结块（Cai et al.，2000）。粉末的溶解度随麦芽糊精含量的增加而增大，并且葡萄糖当量（DE）值对喷雾干燥粉末的溶解度也有影响，从 DE10 到 DE20 溶解度增加，但当 DE 值进一步从 20 增加到 30 时，溶解度降低（Laokuldilok et al.，2015）。在麦芽糊精 DE 值相同的情况下，喷雾干燥花青素粉末的分散性优于冷冻干燥粉末（表 1.3）。DE 值越高的麦芽糊精含糖量越高，使粉末能快速吸收水分，导致玻璃化转变温度降低（Jinapong et al.，2008）。一些研究报告将优良性能归因于其他与水溶性相关的载体剂，如麦芽糊精（Grabowski et al.，2006；Goula et al.，2010；de Barros Fernandes et al.，2013）。

de Barros Fernandes 等（2013）指出，壁材浓度以及壁材与温度的相互作用是对润湿性影响最大的变量，因为在这些条件下获得的粉末含水量较低（表 1.3）。除总可溶

表 1.3　不同干燥方法/条件对复水性的影响

食品粉末	干燥方法	干燥条件	润湿性	分散性	溶解性	主要结果	参考文献
迷迭香精油粉	喷雾干燥	壁材阿拉伯胶浓度: 10%~30%（u/v）二流体喷嘴 $T_{入口}$: 135~195℃ $V_{进料}$: 0.5~1 L/h CCRD 设计	在155~481 s 范围内	—	在55.75%~67.75% 范围内	这些喷雾干燥条件导致润湿时间缩短。壁材浓度对润湿性有影响	de Barros Fernandes 等（2013）
漆树提取物粉末	喷雾干燥	载体剂: 麦芽糊精（DE10）总可溶性固体含量: 10%~25%（w/w）旋转式雾化器 顺流 $T_{入口}$: 160℃, 180℃ 和 200℃ $T_{出口}$: 80℃, 90℃ 和 100℃ $P_{喷雾}$: 392 kPa	在1239~3263 s 范围内	—	在93.5~314.5 s 范围内	粉体的溶解性受到入口/出口温度、MD 添加量以及温度－MD 相互作用的显著影响	Caliskan 和 Dirim（2013）
罗望子粉	喷雾干燥	载体剂: 麦芽糊精（20 DE），阿拉伯胶和乳清浓缩蛋白 浓度: MD 和 GA 含量分别为40%, 50%和60%, WPC 含量分别为10%, 20%和30% $T_{入口}$: 180℃ $T_{出口}$: 80℃ $V_{进料}$: 600 mL/h	—	在68.08%~79.63%范围内	—	分散性随载体剂添加率的增加而降低	Bhusari 等（2014）
酸奶干粉	喷雾干燥	旋转式雾化器 顺流 $T_{入口}$: 150~180℃ $T_{出口}$: 60~90℃ $T_{进料}$: 4~30℃ CCRD 设计	在307~756 s 范围内	在194~897 s 范围内	在65%~72.75% 范围内	溶解度值受出口和入口空气温度的影响，而分散性和润湿性受出口空气温度的影响	Koç 等（2014）

续表

食品粉末	干燥方法	干燥条件	润湿性	分散性	溶解性	主要结果	参考文献
甜酸奶粉（SYP）	喷雾干燥	载体剂：麦芽糊精 二流体喷嘴 $T_{入口}$：140~180℃ $V_{进料}$：0.30~0.60 L/h $P_{喷雾}$：500~1000 kPa $T_{进料}$：40℃ CCRD设计	在132~378 s 范围内	在70.62%~88.74%范围内	在72%~88% 范围内	SYP的溶解性受所有工艺变量的影响。进气温度和进气温度对润湿性有正向影响，雾化压力和进气温度对分散性具有负面影响	Seth 等 (2016)
黑糯米槐花青素	喷雾冷冻 冷冻	载体剂：无糯米麦芽糊精（DE10，20和30）$T_{入口}$：140℃，160℃和180℃ $V_{进料}$：25 mL/min 0.3 Pa，-45℃，48 h	—	在73.00%~94.44%范围内 在73.00%~81.00%范围内	在76.23%~91.79%范围内 在82.14%~84.15%范围内	增加进风温度可提高花青素粉末在各自DE值下的溶解度和分散性。通过冷冻干燥的花青素粉末，溶解度值最高。喷雾干燥的花青素粉末的分散性优于冷冻干燥粉末	Laokuldilok 和 Kanha (2015)
微生物来源的谷氨酰胺转胺酶	喷雾-冷冻 冷冻	喷嘴：超声，48 kHz $V_{进料}$：6.37 mL/min 主干燥：100 Pa，6 h 二次干燥：1 Pa，2 h -80℃，4 h，然后 主干燥：100 Pa，6 h 二次干燥：1 Pa，2 h	(8.53±0.43) s (13.95±0.17) s	—	(96.17±0.15)% (96.06±0.30)%	喷雾冻干样品比冻干样品表现出更强的润湿性	Isleroglu 等 (2018)

注：CCRD：中心旋转组合设计，FD：冷冻干燥，SFD：喷雾冷冻干燥，SD：喷雾干燥，MD：麦芽糊精，DE：葡萄糖当量。

性固形物浓度为 25% 的样品外，随着漆树提取物中麦芽糊精浓度的增加，粉末的润湿性均显著降低（Caliskan et al.，2013）。Bhusari 等（2014）报道随着载体剂添加率的增加，罗望子粉的分散性降低，这与 Jaya 和 Das（2004）观察到的结果一致。Caliskan 和 Dirim（2013），Koç 等（2014）研究发现入口/出口温度对粉末润湿性有显著影响，漆树提取物粉末的润湿时间随入口/出口空气温度的升高而增加。综上所述，载体剂类型和组成、干燥方法/条件对粉末复水性能的影响是变化的。因此，必须对干燥条件、载体剂类型和组成进行优化，以实现有效的生产，并获得优良的产品。

参考文献

Adhikari, B., Howes, T., Bhandari, B., & Troung, V.（2004）. Effect of addition of maltodextrin on drying kinetics and stickiness of sugar and acid-rich foods during convective drying: Experiments and modelling. Journal of Food Engineering, 62（1）, 53–68. https: //doi. org/10. 1016/s0260-8774（03）00171-7.

Aguilar, C. A., & Ziegler, G. R.（1994）. Physical and microscopic characterization of dry whole milk with altered lactose content. 2. Effect of lactose crystallization. Journal of Dairy Science, 77（5）, 1198–1204. https: //doi. org/10. 3168/jds. s0022-0302（94）77058-2.

Al-Kahtani, H. A., & Hassan, B. H.（1990）. Spray drying of roselle（Hibiscus sabdariffa L.）extract. Journal of Food Science, 55（4）, 1073–1076. https: //doi. org/10. 1111/j. 1365-2621. 1990. tb01601. x.

Barbosa-Canovas, G., & Juliano, P.（2005）. Physical and chemical properties of food powders. In Food science and technology（pp. 39–71）. Boca Raton: CRC Press. https: //doi. org/10. 1201/9781420028300. ch3.

Barbosa-Canovas, G. V., Ortega-Rivas, E., Juliano, P., & Yan, H.（2005）. Food powders: Physical properties, processing, and functionality. New York: Kluwer Academic.

Barletta, B. J., & Barbosa-Cánovas, G. V.（1993）. An attrition index to assess fines formation and particle size reduction in tapped agglomerated food powders. Powder Technology, 77（1）, 89–93. https: //doi. org/10. 1016/0032-5910（93）85011-w.

Benković, M., Srečec, S., Špoljarić, I., Mršić, G., & Bauman, I.（2012）. Flow properties of commonly used food powders and their mixtures. Food and Bioprocess

Technology, 6 (9), 2525-2537. https://doi.org/10.1007/s11947-012-0925-3.

Bhusari, S. N., Muzaffar, K., & Kumar, P. (2014). Effect of carrier agents on physical and microstructural properties ofspray dried tamarind pulp powder. Powder Technology, 266, 354-364. https://doi.org/10.1016/j.powtec.2014.06.038.

Bicudo, M. O. P., Jó, J., de Oliveira, G. A., Chaimsohn, F. P., Sierakowski, M. R., de Freitas, R. A., & Ribani, R. H. (2015). Microencapsulation of juçara (Euterpe edulis M.) pulp by spray drying using different carriers and drying temperatures. Drying Technology, 33 (2), 153-161.

Braga, M. B., dos Santos Rocha, S. C., & Hubinger, M. D. (2018). Spray-drying of milk-blackberry pulp mixture: Effect of carrier agent on the physical properties of powder, water sorption, and glass transition temperature. Journal of Food Science, 83 (6), 1650-1659. https://doi.org/10.1111/1750-3841.14187.

Cai, Y. Z., & Corke, H. (2000). Production and properties of spray-dried amaranthus betacyanin pigments. Journal of Food Science, 65 (7), 1248-1252. https://doi.org/10.1111/j.1365-2621.2000.tb10273.x.

Caliskan, G., & Dirim, S. N. (2013). The effects of the different drying conditions and the amounts of maltodextrin addition during spray drying of sumac extract. Food and Bioproducts Processing, 91 (4), 539-548. https://doi.org/10.1016/j.fbp.2013.06.004.

Caparino, O. A., Tang, J., Nindo, C. I., Sablani, S. S., Powers, J. R., & Fellman, J. K. (2012). Effect of drying methods on the physical properties and microstructures of mango (Philippine 'Carabao' var.) powder. Journal of Food Engineering, 111 (1), 135-148. https://doi.org/10.1016/j.jfoodeng.2012.01.010.

Carr, R. L. (1965). Evaluating flow properties of solids. Chemical Engineering, 72, 163-168. Retrieved from http://scholar.google.com/scholar?hl=en&btnG=Search&q=intitle:Evaluating+Flow+Properties+of+Solid#0.

Chan, L. C. Y., & Page, N. W. (1997). Particle fractal and load effects on internal friction in powders. Powder Technology, 90 (3), 259-266. https://doi.org/10.1016/s0032-5910 (96) 03228-7.

Chang, K. S., Kim, D. W., Kim, S. S., & Jung, M. Y. (1998). Bulk flow properties of model food powder at different water activity. International Journal of Food Properties, 1 (1), 45-55. https://doi.org/10.1080/10942919809524564.

Chegini, G. R., & Ghobadian, B. (2005). Effect of spray-drying conditions on physical properties of orange juice powder. Drying Technology, 23 (3), 657-668. https：//doi. org/10. 1081/drt-200054161.

Chen，X. D. （1994）. Mathematical analysis of powder discharge through longitudinal slits in a slowly rotating drum：Objective measurements of powder flowability. Journal of Food Engineering, 21 （4）, 421-437. https：//doi. org/10. 1016/0260-8774 （94） 90064-7.

Chen，X. D. , & Patel，K. C. （2008）. Manufacturing better quality food powders from spray drying and subsequent treatments. Drying Technology, 26 （11）, 1313-1318. https：//doi. org/10. 1080/07373930802330904.

de Barros Fernandes，R. V. , Borges，S. V. , & Botrel, D. A. （2013）. Influence of spray drying operating conditions on microencapsulated rosemary essential oil properties. Ciência e Tecnologia de Alimentos, 33, 171 – 178. https：//doi. org/10. 1590/ s0101-20612013000500025.

de Sousa，A. S. , Borges，S. V. , Magalhães，N. F. , Ricardo，H. V. , & Azevedo，A. D. （2008）. Spray-dried tomato powder：Reconstitution properties and colour. Brazilian Archives of Biology and Technology, 51 （4）, 607-614. https：//doi. org/ 10. 1590/s1516-89132008000400019.

Eisen，W. B. , Ferguson，B. L. , German，R. M. , Iacocca，R. , Lee，P. W. , Madan，D. et. al. （1998）. Powder metal technologies and applications. Novelty, OH： ASM International. Retrieved from https：//www. osti. gov/servlets/purl/289959.

Fang，Y. , Selomulya，C. , & Chen，X. D. （2007）. On measurement of food powder reconstitution properties. Drying Technology, 26 （1）, 3 – 14. https：//doi. org/ 10. 1080/07373930701780928.

Fasina，O. O. （2007）. Does a pycnometer measure the true or apparent particle density of agricultural materials？ In 2007 Minneapolis, Minnesota, June 17-20, 2007. St. Joseph, MI：American Society of Agricultural and Biological Engineers. https：// doi. org/10. 13031/2013. 23513.

Fayed，M. E. , & Otten，L. （Eds. ）. （1997）. Handbook of powder science and technology. New York：Springer. https：//doi. org/10. 1007/978-1-4615-6373-0.

Fazaeli，M. , Emam-Djomeh，Z. , Kalbasi-Ashtari，A. , & Omid，M. （2012）. Effect of process conditions and carrier concentration for improving drying yield and other quality attributes of spray dried black mulberry （Morus nigra） juice. International Journal of Food Engineering, 8 （1）, 1. https：//doi. org/10. 1515/1556-3758. 2023.

Fitzpatrick，J. （2005）. Food powder flowability. In Food science and technology （pp. 247-260）. Boca Raton：CRC Press. https：//doi. org/10. 1201/ 9781420028300. ch10.

Fitzpatrick, J. J. (2007). Particle properties and the design of solid food particle processing operations. Food and Bioproducts Processing, 85 (4), 308–314. https://doi. org/10. 1205/fbp07056.

Fitzpatrick, J. J., Barringer, S. A., & Iqbal, T. (2004). Flow property measurement of food powders and sensitivity of Jenike's hopper design methodology to the measured values. Journal of Food Engineering, 61 (3), 399–405.

Freudig, B., Hogekamp, S., & Schubert, H. (1999). Dispersion of powders in liquids in a stirred vessel. Chemical Engineering and Processing Process Intensification, 38 (4–6), 525–532. https://doi. org/10. 1016/s0255-2701 (99) 00049-5.

Gallo, L., Llabot, J. M., Allemandi, D., Bucalá, V., & Piña, J. (2011). Influence of spray-drying operating conditions on Rhamnus purshiana (Cáscara sagrada) extract powder physical properties. Powder Technology, 208 (1), 205–214. https://doi. org/10. 1016/j. powtec. 2010. 12. 021.

Geldart, D. (1973). Types of gas fluidization. Powder Technology, 7 (5), 285–292. https://doi. org/10. 1016/0032-5910 (73) 80037-3.

Goalard, C., Samimi, A., Galet, L., Dodds, J. A., & Ghadiri, M. (2006). Characterization of the dispersion behavior ofpowders in liquids. Particle and Particle Systems Characterization, 23 (2), 154–158. https://doi. org/10. 1002/ppsc. 200601024.

Goula, A. M., & Adamopoulos, K. G. (2004). Spray drying of tomato pulp: Effect of feed concentration. Drying Technology, 22 (10), 2309–2330. https://doi. org/10. 1081/drt-200040007.

Goula, A. M., & Adamopoulos, K. G. (2005). Spray drying of tomato pulp in dehumidified air: II. The effect on powder properties. Journal of Food Engineering, 66 (1), 35–42. https://doi. org/10. 1016/j. jfoodeng. 2004. 02. 031.

Goula, A. M., & Adamopoulos, K. G. (2010). A new technique for spray drying orange juice concentrate. Innovative Food Science & Emerging Technologies, 11 (2), 342–351. https://doi. org/10. 1016/j. ifset. 2009. 12. 001.

Goula, A. M., Adamopoulos, K. G., & Kazakis, N. A. (2004). Influence of spray drying conditions on tomato powder properties. Drying Technology, 22 (5), 1129–1151. https://doi. org/10. 1081/drt-120038584.

Grabowski, J. A., Truong, V. -D., & Daubert, C. R. (2006). Spray-drying of amylase hydrolyzed sweetpotato puree and physicochemical properties of powder. Journal of Food Science, 71 (5), E209–E217. https://doi. org/10. 1111/j. 1750–3841. 2006. 00036. x.

Hausner, H. H. (1967). Friction conditions in a mass of metal powder. International Journal of Powder Metallurgy, 3, 7–13.

Hogekamp, S., & Schubert, H. (2003). Rehydration of food powders. Food Science and Technology International, 9 (3), 223 – 235. https://doi.org/10.1177/1082013203034938.

Hui, Y., Clary, C., Farid, M. M., Fasina, O. O., Noomhorm, A., & Welti-Chanes, J. (2008). Food drying science and technology: Microbiology, chemistry, applications, p. 75. Retrieved from http://www.worldcocoafoundation.org/wp-content/uploads/files_ mf/phillipsmoradiseasespestsdiseasescentralamerica3. 3mb. pdf.

Ishwarya, S. P., & Anandharamakrishnan, C. (2015). Spray-freeze-drying approach for soluble coffee processing and its effect on quality characteristics. Journal of Food Engineering, 149, 171–180. https://doi.org/10.1016/j. jfoodeng. 2014. 10. 011.

Ishwarya, S. P., Anandharamakrishnan, C., & Stapley, A. G. (2015). Spray-freeze-drying: A novel process for the drying of foods and bioproducts. Trends in Food Science and Technology, 41 (2), 161–181.

Isleroglu, H., Turker, I., Tokatli, M., & Koc, B. (2018). Ultrasonic spray-freeze drying of partially purified microbial transglutaminase. Food and Bioproducts Processing, 111, 153–164. https://doi.org/10.1016/j. fbp. 2018. 08. 003.

Jaya, S., & Das, H. (2004). Effect of maltodextrin, glycerol monostearate and tricalcium phosphate on vacuum dried mango powder properties. Journal of Food Engineering, 63 (2), 125–134. https://doi.org/10.1016/s0260-8774 (03) 00135-3.

Jinapong, N., Suphantharika, M., & Jamnong, P. (2008). Production of instant soymilk powders by ultrafiltration, spray drying and fluidized bed agglomeration. Journal of Food Engineering, 84 (2), 194–205.

Johanson, J. R. (1978). Know your material to predict and use the properties of bulk solids. Chemical Engineer, 85 (24), 9–17.

Johanson, K. (2005). Powder flow properties. In Food science and technology (pp. 331–361). Boca Raton: CRC Press. https://doi.org/10.1201/ 9781420028300. ch13.

Jouppila, K., & Roos, Y. H. (1994). Glass transitions and crystallization in milk powders. Journal of Dairy Science, 77 (10), 2907–2915. https://doi.org/10.3168/jds. s0022-0302 (94) 77231-3.

Kelly, A. L., O'Connell, J. E., & Fox, P. F. (2003). Manufacture and properties of milk powders. In Advanced dairy chemistry—1. Proteins (pp. 1027–1061). Boston: Springer. https://doi.org/10.1007/978-1-4419-8602-3_ 29.

Kelly, G. M. , O'Mahony, J. A. , Kelly, A. L. , & O'Callaghan, D. J. (2014) . Physical characteristics of spray–dried dairypowders containing different vegetable oils. Journal of Food Engineering, 122, 122 – 129. https: //doi. org/10. 1016/j. jfoodeng. 2013. 08. 028.

Kha, T. C. , Nguyen, M. H. , & Roach, P. D. (2010) . Effects of spray drying conditions on the physicochemical and antioxidant properties of the Gac (Momordica cochinchinensis) fruit aril powder. Journal of Food Engineering, 98 (3), 385–392. https: //doi. org/10. 1016/j. jfoodeng. 2010. 01. 016.

Koç, B. , & Kaymak–Ertekin, F. (2014) . The effect of spray drying processing conditions on physical properties of spray dried maltodextrin. In 9th Baltic Conference on Food Science and Technology "Food for Consumer Well–Being" FOODBALT 2014, Jelgava, Latvia, 8–9 May 2014 (pp. 243–247) .

Koç, B. , Sakin–Yılmazer, M. , Kaymak–Ertekin, F. , & Balkır, P. (2014) . Physical properties of yoghurt powder produced by spray drying. Journal of Food Science and Technology, 51 (7), 1377–1383.

Koç, M. , Koç, B. , Yilmazer, M. S. , Ertekin, F. K. , Susyal, G. , & Bagdatlioglu, N. (2011) . Physicochemical characterization of whole egg powder microencapsulated by spray drying. Drying Technology, 29 (7), 780–788. https: //doi. org/10. 1080/ 07373937. 2010. 538820.

Koç, M. , Güngör, Ö. , Zungur, A. , Yalçın, B. , Selek, i. , Ertekin, F. K. , & Ötles, S. (2015) . Microencapsulation of extra virgin olive oil by spray drying: Effect of wall materials composition, process conditions, and emulsification method. Food and Bioprocess Technology, 8 (2), 301 – 318. https: //doi. org/10. 1007/s11947 – 014 – 1404–9.

Kunapornsujarit, D. , & Intipunya, P. (2013) . Effect of spray drying temperature on quality of longan beverage powder. Food and Applied Bioscience Journal, 1, 81–89.

Kurozawa, L. E. , Park, K. J. , & Hubinger, M. D. (2009) . Effect of carrier agents on the physicochemical properties of a spray dried chicken meat protein hydrolysate. Journal of Food Engineering, 94 (3 – 4), 326 – 333. https: //doi. org/10. 1016/ j. jfoodeng. 2009. 03. 025.

Laokuldilok, T. , & Kanha, N. (2015) . Effects of processing conditions on powder properties of black glutinous rice (Oryza sativa L.) bran anthocyanins produced by spray drying and freeze drying. LWT – Food Science and Technology, 64 (1), 405–411.

Liu, L. X. , Marziano, I. , Bentham, A. C. , Litster, J. D. , White, E. T. , &

Howes, T. (2008). Effect of particle properties on the flowability of ibuprofen powders. International Journal of Pharmaceutics, 362 (1-2), 109-117.

Masters, K. (1991). Spray drying handbook (5th ed.). Harlow: Longman Scientific & Technical. Mermelstein, N. H. (2001). Spray drying. Food Technology, 55 (4), 92-95.

Miravet, G., Alacid, M., Obón, J. M., & Fernández-López, J. A. (2015). Spray-drying of pomegranate juice with prebiotic dietary fibre. International Journal of Food Science and Technology, 51 (3), 633 - 640. https://doi.org/10.1111/ijfs.13021.

Mirhosseini, H., & Amid, B. T. (2013). Effect of different drying techniques on flowability characteristics and chemical properties of natural carbohydrate-protein Gum from durian fruit seed. Chemistry Central Journal, 7 (1). https://doi.org/10.1186/1752-153x-7-1.

Mujumdar, A. S. (2007). Book review: Handbook of industrial drying, third edition. Drying Technology, 25 (6), 1133 - 1134. https://doi.org/10.1080/073739307013999224.

Nadeem, H. Ş., Torun, M., & Özdemir, F. (2011). Spray drying of the mountain tea (Sideritis stricta) water extract by using different hydrocolloid carriers. LWT - Food Science and Technology, 44 (7), 1626 - 1635. https://doi.org/10.1016/j.lwt.2011.02.009.

Nep, E. I., & Conway, B. R. (2011). Physicochemical characterization of grewia polysaccharide gum: Effect of drying method. Carbohydrate Polymers, 84 (1), 446-453. https://doi.org/10.1016/j.carbpol.2010.12.005.

Nijdam, J. J., & Langrish, T. A. G. (2006). The effect of surface composition on the functional properties of milk powders. Journal of Food Engineering, 77 (4), 919-925. https://doi.org/10.1016/j.jfoodeng.2005.08.020.

Ortega-Rivas, E. (2009). Bulk properties of food particulate materials: An appraisal of their characterization and relevance in processing. Food and Bioprocess Technology, 2 (1), 28-44.

Parthasarathi, S., & Anandharamakrishnan, C. (2016). Enhancement of oral bioavailability of vitamin E by spray-freeze drying of whey protein microcapsules. Food and Bioproducts Processing, 100, 469-476. https://doi.org/10.1016/j.fbp.2016.09.004.

Peleg, M. (1977). Flowability of food powders and methods for its evaluation — a review. Journal of Food Process Engineering, 1 (4), 303-328.

Peleg, M. , Mannheim, C. H. , & Passy, N. (1973) . Flow properties of some food powders. Journal of Food Science, 38 (6) , 959-964. https: //doi. org/10. 1111/ j. 1365-2621. 1973. tb02124. x.

Peleg, M. , & Moreyra, R. (1979) . Effect of moisture on the stress relaxation pattern of compacted powders. Powder Technology, 23 (2) , 277-279. https: //doi. org/ 10. 1016/0032-5910 (79) 87018-7.

Pietsch, W. (1999) . Readily engineer agglomerates with special properties from micro-and nanosized particles. Chemical Engineering Progress, 95 (8) , 67-80.

Roos, Y. H. (2003) . Thermal analysis, state transitions and food quality. Journal of Thermal Analysis and Calorimetry, 71 (1) , 197-203.

Sablani, S. S. , Shrestha, A. K. , & Bhandari, B. R. (2008) . A new method of producing date powder granules: Physicochemical characteristics of powder. Journal of Food Engineering, 87 (3) , 416 - 421. https: //doi. org/10. 1016/j. jfoodeng. 2007. 12. 024.

Santhalakshmy, S. , Bosco, S. J. D. , Francis, S. , & Sabeena, M. (2015) . Effect of inlet temperature on physicochemical properties of spray-dried jamun fruit juice powder. Powder Technology, 274, 37 - 43. https: //doi. org/10. 1016/j. powtec. 2015. 01. 016.

Schubert, H. (1987) . Food particle technology. Part I: Properties of particles and particulate food systems. Journal of Food Engineering, 6 (1) , 1-32. https: //doi. org/ 10. 1016/0260-8774 (87) 90019-7.

Schubert, H. (1993) . Instantization of powdered food products. International Chemical Engineering, 33 (1) , 28-45.

Seth, D. , Mishra, H. N. , & Deka, S. C. (2016) . Functional and reconstitution properties of spray-dried sweetened yogurt powder as influenced by processing conditions. International Journal of Food Properties, 20 (7) , 1603 - 1611. https: //doi. org/ 10. 1080/10942912. 2016. 1214965.

Shishir, M. R. I. , Taip, F. S. , Aziz, N. A. , & Talib, R. A. (2014) . Physical properties of spray dried pink guava (Psidium guajava) powder. Agriculture and Agricultural Science Procedia, 2, 74-81. Retrieved from http: //linkinghub. elsevier. com/retrieve/pii/S2210784314000126.

Shrestha, A. K. , Ua-arak, T. , Adhikari, B. P. , Howes, T. , & Bhandari, B. R. (2007) . Glass transition behavior of spray dried orange juice powder measured by differential scanning calorimetry (DSC) and thermal mechanical compression test (TMCT) .

International Journal of Food Properties, 10 (3), 661–673. https: //doi. org/10. 1080/ 10942910601109218.

Sutton, H. M. (1976) . Flow properties of powders and the role of surface charac-ter. In Characterization of powder surfaces: With special reference to pigments and fillers (pp. 107–158) . London: Academic Press.

Teunou, E. , Fitzpatrick, J. J. , & Synnott, E. C. (1999) . Characterization of food powder flowability. Journal of Food Engineering, 39 (1), 31–37.

Teunou, E. , Vasseur, J. , & Krawczyk, M. (1995) . Measurement and interpreta-tion of bulk solids angle of repose for industrial process design. Powder Handling and Pro-cessing, 7 (3), 203–227.

Thomas, M. E. C. , Scher, J. , Desobry–Banon, S. , & Desobry, S. (2004) . Milk powders ageing: Effect on physical and functional properties. Critical Reviews in Food Science and Nutrition, 44 (5), 297 – 322. https: //doi. org/10. 1080/ 10408690490464041.

Tonon, R. V. , Brabet, C. , & Hubinger, M. D. (2010) . Anthocyanin stability and antioxidant activity of spray–dried açai (Euterpe oleracea Mart.) juice produced with different carrier agents. Food Research International, 43 (3), 907 – 914. https: // doi. org/10. 1016/j. foodres. 2009. 12. 013.

Türker, i. , Koç, B. , & işleroğlu, H. (2018) . Püskürtmeli̇–Dondurarak Kurutma işlemi̇ni̇n Maltodekstri̇ni̇n Fi̇zi̇ksel Özelli̇kleri̇ Üzeri̇ne Etki̇si̇. GIDA, 43 (2), 197–210.

Vojdani, F. (1996) . Solubility. In Methods of testing protein functionality (pp. 11–60) . Boston: Springer. https: //doi. org/10. 1007/978–1–4613–1219–2_ 2.

Walton, D. E. (2000) . The morphology of spray – dried particles a qualitative view. Drying Technology, 18 (9), 1943 – 1986. https: //doi. org/10. 1080/ 07373930008917822.

Walton, D. E. , & Mumford, C. J. (1999) . The morphology of spray–dried parti-cles: The effect of process variables upon the morphology of spray–dried particles. Chemi-cal Engineering Research and Design, 77 (5), 442–460.

Woodcock, C. R. , & Mason, J. S. (1987) . Gravity flow of bulk solids. In Bulk solids handling (pp. 47–83) . Dordrecht: Springer. https: //doi. org/10. 1007/978– 94–009–2635–6_ 2.

Yousefi, S. , Emam–Djomeh, Z. , & Mousavi, S. M. (2010) . Effect of carrier type and spray drying on the physicochemical properties of powdered and reconstituted pomegranate juice (Punica Granatum L.) . Journal of Food Science and Technology, 48

（6），677-684. https：//doi. org/10. 1007/s13197-010-0195-x.

Yue, S. , Jing, W. , Yubin, W. , Huijuan, Z. , Yue, M. , Xiaoyan, Z. , & Chao, Z. (2018) . Inlet temperature affects spray drying quality of watermelon powder. Czech Journal of Food Sciences, 36 （4）, 316-323. https：//doi. org/10. 17221/406/2017- cjfs.

Zou, R. P. , & Yu, A. B. (1996) . Evaluation of the packing characteristics of mono-sized non-spherical particles. Powder Technology, 88 （1）, 71-79. https：// doi. org/10. 1016/0032-5910 （96） 03106-3.

第2章　食品粉末的颗粒特性

Ulaş Baysan，Mehmet Koç 和 Banu Koç

U. Baysan · M. Koç（＊）

土耳其 Aydın Adnan Menderes 大学工程学院食品工程系

e-mail：mehmetkoc@ adu. edu. tr

B. Koç

土耳其加济安泰普大学（Gaziantep University）美术、美食及烹饪艺术系

2.1　颗粒形状

　　单个颗粒特性对产品性能至关重要，单个颗粒的尺寸、形状、外观、密度和硬度是粉末产品的主要特性（Davies，1984）。颗粒形状是颗粒分类中最重要的性质之一，形状简单的颗粒，如球体和圆柱体，其大小由一维或多维决定。在定义形状为不规则颗粒的大小和形状时采用多维度，许多形状因素，如球度、宽度和凸度被用于食品粉末形状的测定（Murrieta-Pazos et al.，2012；Saad，2011）。食品粉末的来源一般为有机物质，它们的化学结构比食品工业生产的无机粉末复杂，因此形状各异。食品粉末结构中可能会出现极端不规则的形状（通常是通过碾磨获得的食品材料）、接近球形结构的形状（淀粉）或晶体形式（盐和糖）（Dhanalakshmi et al.，2011）。颗粒形状可分为针状（针尖状）、棱角状、结晶状、分枝状、纤维状、脉冲状、粒状（大小对称的颗粒形状）、不规则状、模块化（圆形的不规则形状）和球形（Ermiş，2015）。颗粒形状是决定颗粒性质和结构的重要因素之一，然而，这些简单的分类可能还不足以比较颗粒尺寸或研究添加了颗粒形状变量的方程。因此，如果没有采用定量方法，仅观察颗粒的形状可能是没有用的，粒度测定是定量方法中的首选之一。

　　粒度对粉末的表征、分类和分级起着至关重要的作用，中值粒径小于 1 mm 的颗粒材料定义为粉末（一半数量的粒径大于中值粒径，另一半则小于中值粒径）。虽然用"细"和"粗"来表示粉末产品，但大多数粉末状食品被认为是细粒度的（Koç et al.，2011）。

　　工业无机粉末产品通常是通过减小硬质材料的尺寸（研磨）获取的，制备的颗粒呈多面体形（4~7个），棱角分明，为此，在确定粒度时，使用"直径"表示特征线性尺寸（McCabe et al.，2005）。与无机工业产品相比，粉末状食品由于其有机化学结构和成分相当复杂。因此，从形状的角度来看，粉末状食品的结构各不相同，可以从高度无定形（香料）到高度固化（淀粉）。可采用等效球直径、等效圆直径和统计直径方法来确定不规则颗粒的大小和直径，第一种方法是用等效球径法确定与颗粒具有相同性质的球体直径。此外，环境或可见面积相同的圆的直径可采用等效圆直径法确定。根据直径统计法，颗粒大小通常是通过显微镜观察来确定的。

不规则的粉末颗粒可以用各种表征技术来检测，通过这些不同的技术对颗粒的各项参数进行评价，以实现不同的用途。因此，应根据不同的颗粒和情况，仔细选择采用的技术。例如，粉体的斯托克斯直径被用于研究颗粒的沉降，斯托克斯直径定义为"在黏性流体中低雷诺数下，与粉末颗粒具有相同沉降速度的、相同密度的光滑球体的尺寸"（Fayed et al.，2013）。在悬浮的密集颗粒中，当流体向上运动时，颗粒向下运动，因此，颗粒相互混合并影响彼此的运动。斯托克斯定律确定了速度与颗粒直径的平方成正比（Wang et al.，2009）。此外，粉末产品的体积直径（$D_{4,3}$）有助于食品颗粒的贮藏、包装、运输成本和工艺设计。结果表明，包装材料和存储面积的大小由体积直径决定，并对粉体特性有直接影响（Koç et al.，2011）。当吸附机制起作用时，采用颗粒的表面直径（$D_{3,2}$）来衡量。此外，淀粉和面粉等产品的使用面积可以由颗粒的表面直径来确定。但是，上述不同粒度的测定方法，由于时间长、工作量大、设备成本高，在食品工业中并未被普遍采用。筛孔直径由于其实用、稳定和设备成本低，被用于食品工业的粒度测定。

颗粒的形状并非都是球形的，因此确定颗粒尺寸的相关特征面临挑战。因此，要精确测量粒度是非常困难的，单独研究粒度并不准确，所以基于此才需要分析颗粒总体分布。

单个粒度可能无法代表整个群体，即便粉末产品的化学成分相同，它们也可能具有相差较大的尺寸。颗粒分布是指颗粒尺寸大小的分布，是粉末产品的一种特性，在物理、机械或化学工艺中经常使用，以确定物料的反应和物理性质。食品粉末通常以细粉的形式销售（Schubert，1987），虽然有许多不同类型的测量技术来确定颗粒分布，但常用的方法有四种，包括筛析法、显微技术、沉淀法和激光扫描技术。

筛析法的原理是颗粒的几何相似性，它是一种实用、简单、廉价、重复性好的测定颗粒分布的方法。因此，粉末产品的颗粒分布是通过测定相同尺寸范围内颗粒的质量来确定的（Shenoy et al.，2015）。

在显微技术中，颗粒的分布是通过在光学显微镜下直接测量和计数颗粒的大小来确定的。电子显微镜也可以像光学显微镜一样直接对颗粒进行测量和计数，从而获得粉末产品的形状和形态信息，首选并且应用最广泛的电子显微镜是扫描电子显微镜（Scanning Electron Microscope，SEM）（Addo et al.，2019；Einhorn - Stoll，2018；Karasu et al.，2019；Camargo Novaes et al.，2019）。

悬浮液中的颗粒特性和颗粒的斯托克斯直径可用沉降技术定义，测定颗粒的粒度分布通常采用重量法和离心沉降法。沉降分析有一定的挑战性，其中最值得注意的是，颗粒不像球体，不会产生垂直方向的沉降，因此颗粒分布会出现偏差（Wang et al.，2009）。

激光分布是测定颗粒粒度分布最常用的方法，在这种方法中，颗粒必须分散在液相或气相里，如果颗粒分散在液相中，则称为"湿法测定"，而当颗粒分散在气相中，则称为"干法测定"。该方法的原理是当颗粒在液体或气体中弥散时，测定激光源发出的光形成的分布角，激光散射角随粒度的减小而增大，此方法是文献中最受欢迎和应用最多的方法（Fitzpatrick et al.，2016；Yohannes et al.，2018）。

理想的粒度分布如图 2.1（a）所示。然而，难以实现这种理想的粒度分布，实际表现出如图 2.1（b）所示的类似特性。大范围的分散结构表明颗粒尺寸差异较大，换言之，颗粒分布的模值低于同质分布曲线图 [图 2.1（c）]。左右双峰分布是一种非常不理想的分布 [图 2.1（d）]，出现此分布的原因是，左侧或右侧的颗粒分布因粒度不同而存在差异。

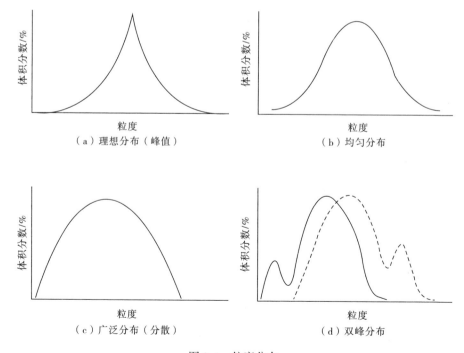

图 2.1　粒度分布

2.2　颗粒密度

颗粒密度是用颗粒的总质量除以总体积来确定的，它与粉末产品的宏观结构和粒度直接相关（Anon，2006）。此外，颗粒密度直接影响粉末食品的复水性，高颗粒密度和少量的滞留空气（在颗粒中保持密闭的空气）可提高粉末产品在液体介质中的渗透速度（Carić et al.，2002），特别是液体食品生产粉末产品所用的喷雾干燥工艺条件（进风口温度、出风口温度和雾化）也对颗粒密度有影响。此外，喷雾干燥器中待干燥液体食品的干物质含量也会改变粉末产品的颗粒密度。

不同的颗粒密度可以根据颗粒总体积的测定方式定义为真实、表观和有效（或空气动力学的）颗粒密度。真密度是由颗粒质量与真实体积的比值来确定，即除去开口孔隙和闭口孔隙的体积，它是参考书中所引用的有机或无机纯化工产品的颗粒密度。表观密度是由颗粒质量与颗粒表观体积的比值决定的，即除去开口孔隙的体积，它是用液体或空气比重计测量的。有效（空气动力学的）密度是由颗粒质量除以颗粒体积计算得到，即含开口孔隙和闭口孔隙的体积，在这种方法中，颗粒被气体包围，该密度在流化床法中非常重要。需要注意的是，这三种不同的颗粒密度与堆积密度的定义并不完全相同，在测量堆积密度时还要考虑颗粒之间的空隙。

液体和气体比重计在工业中常用来测定颗粒密度。根据液体比重计的体积，可以确定薄型或块状物料的颗粒密度。颗粒大的产品需要更大且经过校准的容器，而50 mL 体积的比重计足以测量细颗粒粉末产品，所使用的液体不应与粉末产品发生反应，并且粉末不能溶解在这种液体中。在气体比重计的测量中，空气或任何气体（如氦气）都可以作为流体使用。用气体比重计可以测定一些食品粉末的密度（Börjesson et al.，2016；Pinto et al.，2018；Turchiuli et al.，2014），然而，用这种方法很难分析高孔隙率的冻干物料（Stange et al.，2013）。

虽然测定颗粒密度有助于我们分析和解释许多问题，但单颗粒密度并不足以解释所有的化学和物理性质，因此，还应检测颗粒的形态来表征颗粒。

2.3　颗粒形态

颗粒的形态不仅仅是形状，它还提供了关于颗粒的表面特征和结构的信息。借助于与计算机相连的显微镜，可以生成颗粒的数字图像，通过这些颗粒轮廓的二维图像，可以对颗粒形态进行定量分析。虽然光学显微镜也可用于评价粉末的形态，但电子显微镜由于其范围和分辨率更适合表征颗粒的形态。因为光学显微镜提供的图像只给出了平均尺寸参数（直径、面积、周长等），不足以表征颗粒的形态（Mikli 等，2001），这就是在文献中一般使用 SEM 来研究食品粉末颗粒形态的原因。SEM 采用电子束分析待检材料，电子束是在真空环境下形成的，并在相同的环境中用电磁透镜薄化，以产生高分辨率图像。SEM 中产生的图像是通过计算电子束与材料相互作用时产生的辐射或反射的电子而形成的，包括二次电子、背散射电子、特征 X 射线、俄歇电子等。利用 SEM 可以分析有机和无机材料的形态，在使用 SEM 观察时，发射到样品上的电子会给样品一个负载，这会影响图像的质量和分辨率。为此，在 SEM 中待检样品必须是导电的，这样它们就不会承受负载。为了使表面能完美地显示出来，它必须被一种能反射电子的物质涂覆，非导电的样品通常用金-钯、铂或铝制成导电的样品，导电金属不需要涂覆。在专用设备上以不同的厚度进行喷涂，可以达到更好的观察效果。涂层介质中的空气由氩气取代，由穿过等离子体的金-钯进行涂层。大部分的粉体和颗粒的性质与颗粒的形态有关（Walton et al.，1999）。根据温度不同而产生的不同颗粒形态提供了关于颗粒密度、尺寸、水分含量和耐久性的信息（Alamilla-Beltran et al.，2005），Walton（2000）还解释了为什么最终颗粒的形态与工艺条件有关。

2.4　工艺方法和条件对颗粒性质的影响

由于粉末产品的物理和化学性质受到应用技术和条件的影响，因此，随着对粉末产品需求的增大，用于制造食品粉末的工艺技术和条件的重要性日益增加。最常用的方法是通过干燥和研磨工艺得到食品粉末，尽管粉末产品可以依次通过干燥-研磨或研磨-干燥工艺获得，也可以通过单独应用干燥工艺获得。

研磨工艺被定义为"将大的固体单位质量减少为较小的单位质量"，研磨工艺在食品工业中应用广泛，可以将大固体单元转变为粗颗粒或细颗粒。虽然研磨过程也被称为粒度减小，但通过机械力使整体尺寸单元减小的过程称为碾磨。考虑到颗粒的大小和形状，理想的颗粒分布应该是均匀的。在这种情况下，不同尺寸颗粒的分离和分级是粒度减小需要考虑的要点之一。由于研磨技术或条件直接影响到颗粒的性质，因此针对不同的原料、产品和用途选择和应用不同的研磨工艺（Patel et al.，2014），以下是食品工业中最常用的研磨类型。

一个或多个由厚钢材制成的圆筒相向旋转，在盘式磨粉机中进行物料收集。两个或两个以上的由厚钢材制成的圆筒相向旋转，方便获取进料。在该系统中，压力的作用导致了粒度的减小。目前常用的有两种不同类型的盘式研磨机，单盘研磨机和双盘研磨机。大多数食物样品都不是硬质物料，如面粉、大豆、淀粉等，都可以有效地减小粒度。Bayram 和 Öner（2005）对比研究了采用盘式研磨机和锤式粉碎机碾碎干小麦颗粒的差异，发现与锤式粉碎机比较，盘式研磨机碾碎的颗粒具有光滑和规则的形状，颗粒分布均匀。

球磨机由安装在金属机架上的空心圆筒和装有 30%~50% 钢球的卧式钢筒组成，在球磨机中可产生冲击力和摩擦力。小球在低转速时优先转动，而大球则在高转速时优先转动。使用球磨机可以得到细颗粒，如食品色素。Vogel 等（2018）认为较长的研磨时间会影响面粉颗粒的微观结构，因此研磨时间需谨慎确定。

锤式粉碎机的工作原理是转子上的移动锤与粉末物料之间的碰撞，腔内高速转子上安装有锤子。锤式粉碎机通常应用于晶体状和纤维状物料，包括香料和糖类。Mani 等（2006）报道锤式粉碎机的筛孔越大，则产品的颗粒密度越低。

应力和摩擦是辊磨机的主要工作机理，应力来自旋转的辊筒或重轮，两个或两个以上的钢辊相向转动，物料通过辊筒之间的间隙进料。考虑到初始和最终粒度、物理污染（金属和石头）和耐久性，两个辊筒之间的距离可以根据不同的物料进行调整。研磨小麦通常使用辊磨机，此外，随着剪切力和压力的增大，辊磨机磨出面粉粒度也随之增大（Opáth，2014）。

通过大多数干燥方法降低样品含水量后，可直接获得粉末状产品（滚筒、流化床和喷雾干燥除外）。无论以何种方式，在样品干燥后可以通过研磨得到粉末。换句话说，干燥和研磨是作为一个组合工艺进行的。虽然样品性质、干燥方法和条件对颗粒的性质有影响，但对颗粒性质影响最大的过程是研磨工序。在研磨阶段，研磨方法对颗粒性能的影响如上所述。

干燥是制备粉末的有效方法之一，是通过加热使产品中水分蒸发的过程（Lewicki，2006）。干燥工艺的优点是由于干燥产品的体积和质量小，可以降低包装和运输成本，此外与湿产品相比，干制品具有更广泛的应用范围和更长的货架期。干燥是一种传热和传质的组合机制（Hernandez et al.，2000），在干燥过程中，水分蒸发所需的热量传递给产品，而质量传递则是以水蒸气的形式从产物中产生的，并取决于传递的热量。传热机理分为三类：对流、传导和辐射，因此，可以根据这些传热机制对干燥过程进行分类。

食品粉末可通过喷雾干燥机、滚筒干燥机和流化床干燥机直接生产。虽然采用流化床、滚筒或喷雾干燥方法可获得粉末产品，但由于细粉是物料经由喷雾干燥器生产所得，在食品工业中，不同使用领域、不同颗粒大小的粉末可通过喷雾干燥和流化床共同生产得到。

滚筒干燥机的主要设备是一个或两个空心金属圆筒，圆筒在水平轴上旋转，并用蒸汽、热水或其他热源加热。因此，滚筒干燥器为样品提供间接传热（Gavrielidou et al.，2002）。滚筒干燥机的工艺变量有进料样品的特性和浓度、蒸汽压、滚筒转速以及两个滚筒之间的空隙（此变量仅适用于双滚筒干燥机）（Kostoglou et al.，2003；Valous et al.，2002），进料的组成和浓度、保水能力、干燥速率、水分含量、流变性和热性能，以及容器表面的厚度对粉状产品性能，特别是颗粒性能有相当大的影响（Pua et al.，2010）。

Caparino 等（2012）对滚筒干燥器生产的芒果粉进行了研究，结果表明，由于滚筒式干燥机对芒果粉的破碎，导致芒果粉的形态不规则，边缘锋利，微观结构致密，压痕面较大。经滚筒干燥机干燥的粉末与滚筒表面接触的一侧，形成光滑的表面，而粉末表面的另一侧则形成波纹和压痕（Anastasiades et al.，2002）。Desobry 等（1997）比较了滚筒干燥机和喷雾干燥机两种不同的干燥设备所获得的粉末产品特性差异，发现颗粒的形态和尺寸特性存在显著差异。喷雾干燥器干燥后的粉末颗粒呈预期的球形，显示出最小的塌陷结构。然而，滚筒干燥器产生的粉末由于颗粒之间相互凝结，具有复杂的结构。

在流化床干燥中，小的固体颗粒与空气接触，这些固体颗粒会被吹动，这一步的结果保证了固体颗粒悬浮在床上，从而通过流化床得到粉末状产品。流化床干燥机的应用对粉体的粒度、密度、形状等物理性质和结构（Szulc et al.，2013），以及复水性（Knight，2001）都有影响。Calban 和 Ersahan（2003）认为空气流速和干燥温度的增加导致了干燥速率的增大，干燥速率的增大意味着快速传质。因此，粉体粒度减小，粉体的表面积增大，颗粒结构的变化引起了颗粒和粉体性质的变化。

喷雾干燥工艺的原理是将液体物料雾化到干燥室中，在干燥室内液滴与热气流接触进行干燥，再将粉末产品从气流中分离出来（Liu et al.，2016）。喷雾干燥的工艺条件包括出入口温度、进料速度、干燥气体流量和雾化参数（Gharsallaoui et al.，2007），颗粒的形成过程和颗粒性质受这些不同干燥工艺条件的影响。此外，在喷雾干燥方法中，物料特性直接影响颗粒的性能（Paudel et al.，2013）。

产品的物理性质受入口干燥空气温度的影响（Jafari et al.，2017），较高的入口空气温度会加快传热过程。由于高热传递，颗粒表面会形成硬壳，不利于水分的扩散（Largo Ávila et al.，2015；Moghaddam et al.，2017）。在较高的干燥温度下，由于干燥空气的相对湿度和物料液滴中水之间的压力差，液滴中的结合水将被毛细管力去除，颗粒的外壳会被破坏。结果，颗粒表面会出现开裂，因此颗粒的形态受到所用干燥高温的影响很大。此外，在较高的空气温度下干燥的粉末结构变得更加多孔（de Souza et al.，2015）。普遍认为，产品的含水量较低通常是由使用较高的入口空气温度导致的（Largo Ávila et al.，2015）。

由于干燥速率高，在采用高入口空气温度时获得的低含水率不仅取决于温度，还取决于进料的干物质含量、喷雾液滴大小和进料速率。水分含量越低，颗粒密度越高（Baysan et al., 2019）。

产品的液滴大小、干燥动力学和水分含量受进料速率的影响，因此该参数会影响粉末的物理性能。高进料流量与粉末的水分含量呈负相关（Khalilian Movahhed 和 Mohebbi, 2016）。在较高的流速下，液滴的尺寸增大，液滴与干燥空气的接触时间缩短。由于液滴在干燥室内接触时间短，在液滴未干燥完成之前，干燥过程迅速进行。此外，在较大的表面积发生干燥，这会对传热传质产生负面影响。因此，在高进料速率条件下，会观察到大粒径、低颗粒密度和不良颗粒结构的形成（Can Kara-ca et al., 2015）。此外，进料速度直接影响出口温度，这两个因素互为因变量。

由于恒定进料黏度下的液滴较小，高雾化速率或压力可提供较大的干燥表面积（Largo ávila et al., 2015）。干燥面积大，意味着传热传质有效，扩散路径短。较大的干燥表面积对粉末性能有积极的影响。例如，Gallo 等（2011）认为雾化压力或速度对粉末的粒度有显著影响，因为粉末的粒度与液滴的大小有关。雾化压力或速度的增加会导致液滴更小，粉末粒度降低（Chegini et al., 2005）。此外，高雾化压力或雾化速度会阻碍颗粒表面结壳的形成（Balesdent et al., 2000），因此，颗粒可以形成均匀的结构和收缩。

喷雾干燥机的其他重要参数是进料样品的黏度、密度和温度，因为这些因素直接影响粉末的性能。高浓度的进料雾化会导致形成较大的液滴，进而产生较高颗粒密度下的粉末（Abiad et al., 2014）。

2.5　颗粒特性对食品粉末理化性质的影响

粉末的颗粒特性决定了食品粉末的孔隙率、流动性、复水性、化学稳定性、颜色以及功能性质，尤其是食品粉末在氧化稳定性和风味保持方面的封装稳定性，很大程度上取决于颗粒特性。初始进料浓度、干燥方法、乳液形成、乳液制备条件（如均质类型、速率和时间）及壁材比等对颗粒微观结构有很大的影响，而颗粒微观结构是最终决定粉末很多功能和基本性质的关键特征。

颗粒的结构、尺寸、形状和颗粒间的相互作用受范德华力、毛细管力、静电力和机械联锁力等的影响，分子吸附可归因于这些作用力，这些作用力是导致颗粒发生黏聚的颗粒黏附和内聚机制的基础（Hickey et al., 2018）。内聚力和黏附力可以用黏性、结块、聚集和结晶来描述，且可以通过玻璃化转变温度与体系的水分活度相关联（Boonyai et al., 2004）。玻璃化转变温度解释了干燥和其他相关工序中结构形成的过程，如收缩和塌陷。据此，如果该过程发生在低于玻璃化转变温度的温度条件下，可以获得更加多孔状（可忽略坍塌）的产品。然而，当玻璃化转变温度与加工温度差值升高时，则孔隙消失，坍塌现象明显。此外，微观结构取决于干燥技术、物料浓度、物料曝气程度、干燥剂/壁材与表面的相互作用。

粉末的表面形态和内部微观结构是加工过程与风味保持、防止油脂氧化和着色之间的纽带（Chen et al.，2007）。食品是一个多组分系统，在这个结构中蛋白质和碳水化合物非常重要，因为它们具有不同的功能和质构特性（Molina-Sabio et al.，2004）。干燥后食品风味的保留也会因干燥方式的不同而存在差异，因为干燥可以形成多孔结构，从而限制某些风味化合物从结构中逸出。相反，含有生物活性化合物的粉末可能会受到因暴露面积而导致的劣变反应的影响（即氧化）。此外，粉末多孔结构的复水性使得溶剂能够渗透并分散（Pietsch，2008）。如果球形颗粒的表面没有破裂或产生裂纹，则气体渗透性降低，芯材得到更好的保护（Fu et al.，2011）。Botrel 等（2014）报告，微胶囊的孔隙率越低，颗粒间的空隙越少，氧化稳定性越高。

尽管许多研究阐明了粉末产品的颗粒特性对芳香成分和精油包埋率的影响，但颗粒性质对包封效率的影响并不完全清楚。研究发现胶囊化芳香粉末的颗粒特性对香气的保留具有重要意义（Janiszewska et al.，2009），随着粒度的增大和颗粒密度的减小，芳香物料的包埋率降低。然而，Rulkens 和 Thijssen（2007），Reineccius（1989）研究表明粒度越大，芳香材料的包埋率越高。

一些研究文献也支持上述结果（Blakebrough 1973；Fang 2004；Jafari et al.，2008），另外，Ré（1998）、Finney 等（2002）和 Soottitantawat 等（2005）发现颗粒性质对芳香材料的包埋率没有影响。在另一项研究中，中等粒度的颗粒在保油率方面优于粒度较大的颗粒（Chang et al.，1988）。虽然粒度对包埋率的影响尚不清楚，但有必要生产大颗粒产品来改善食品粉末的复水特性。随着粒度的减小，粉末产品的分散性变差，尤其是在冷水中，颗粒在液体表面呈堆积状（Jafari et al.，2010）。如前所述，干燥工艺条件决定了颗粒的性质。例如，在喷雾干燥中，较高的干燥温度可以快速形成胶囊壁，从而可以生产具有较大粒度的胶囊（Alamilla-Beltran et al.，2005；Finney et al.，2002；Janiszewska et al.，2009；Walton et al.，1999）。Jafari 等（2010）从不同的角度探讨了粒度对包埋率的影响，他们提出在体积相同时，芳香油的包埋率随粒度的变化而发生改变，较大颗粒（>63 mm）的香气保存率优于较小颗粒（<38 mm）。

除了食品粉末的颗粒特性对其化学性质的影响外，根据其颗粒尺寸和分布、形态和密度的不同，食品粉末的堆积特性也随着颗粒性质的改变而发生相应的变化。表面均匀、粒度小的粉体具有较高的堆积密度（Baysan et al.，2019），Koç 等（2015）还发现，橄榄油粉末中粒度越大，则堆积密度越高。由于食品粉末可能会发生氧化，所以不宜使用低堆积密度的食品粉末（Samaram et al.，2014）。食品粉末的流动性也与颗粒大小有关，食品粉末颗粒细小会导致流动性差（Koç et al.，2011）。粉末的颗粒性质对其溶解度和润湿性也有重要影响，Baysan 等（2019）证明了颗粒密度的增加让粉末具有更好的溶解性和更短的浸润时间。食品粉末的颜色还取决于颗粒的性质，Fernández-López 等（2002）发现辣椒粉的粒度决定了辣椒的色差。随着粒度的增大，辣椒粉样品的颜色会变浅，而当粒度较小时，颜色会变深。相反，Ishwarya 和 Anandharamakrishnan（2015）发现，与喷雾干燥和喷雾冷冻干燥的样品相比，冷冻干燥咖啡的粒度分布更广，因此颜色差异更大。喷雾干燥（$D_{4,3}=5.4~\mu\mathrm{m}$）和喷雾冷冻干燥（$D_{4,3}=8.7~\mu\mathrm{m}$）咖啡样品的 L 值大于冷冻干燥（$D_{4,3}=636.8~\mu\mathrm{m}$）的咖啡样品，Sharma 等人（2013）也在粉末状产品中发现了类似的结果。

参考文献

Abiad, M. G., Campanella, O. H., & Carvajal, M. T. (2014). Effect of spray drying conditions on the physicochemical properties and enthalpy relaxation of α-lactose. International Journal of Food Properties, 17 (6), 1303 – 1316. https：//doi. org/ 10. 1080/10942912. 2012. 710287.

Addo, K. A., Bi, J., Chen, Q., Wu, X., Zhou, M., Lyu, J., & Song, J. (2019). Understanding the caking behavior of amorphous jujube powder by powder rhe-ometer. LWT, 101, 483-490. https：//doi. org/10. 1016/j. lwt. 2018. 11. 059.

Alamilla-Beltrán, L., Chanona-Pérez, J. J., Jiménez-Aparicio, A. R., & Gutiérrez-López, G. F. (2005). Description of morphological changes of particles along spray drying. Journal of Food Engineering, 67 (1-2), 179-184.

Anastasiades, A., Thanou, S., Loulis, D., Stapatoris, A., & Karapantsios, T. D. (2002). Rheological and physical characterization of pregelatinized maize starches. Jour-nal of Food Engineering, 52 (1), 57 – 66. https：//doi. org/10. 1016/s0260 – 8774 (01) 00086-3.

Anon. (2006). Powder technology handbook. Boca Raton：CRC Press. https：// doi. org/10. 1201/9781439831885.

Balesdent, J., Chenu, C., & Balabane, M. (2000). Relationship of soil organic matter dynamics to physical protection and tillage. Soil and Tillage Research, 53 (3-4), 215-230.

Bayram, M., & Öner, M. D. (2005). Stone, disc and hammer milling of bulgur.

Journal of Cereal Science, 41 (3), 291 – 296. https：//doi. org/10. 1016/ j. jcs. 2004. 12. 004.

Baysan, U. , Elmas, F. , & Koç, M. (2019) . The effect of spray drying conditions on physicochemical properties of encapsulated propolis powder. Journal of Food Process Engineering, 42 (4), e13024. https：//doi. org/10. 1111/jfpe. 13024.

Blakebrough, N. (1973) . Fundamentals of fermenter design. In Microbial engineering (pp. 305–315) . London：Butterworths. https：//doi. org/10. 1016/b978-0- 408-70549-3. 50006-8.

Boonyai, P. , Bhandari, B. , & Howes, T. (2004) . Stickiness measurement techniques for food powders：A review. Powder Technology, 145 (1), 34–46. https：// doi. org/10. 1016/j. powtec. 2004. 04. 039.

Börjesson, E. , Innings, F. , Trägårdh, C. , Bergenståhl, B. , & Paulsson, M. (2016) . Permeability of powder beds formed from spray dried dairy powders in relation to morphology data. Powder Technology, 298, 9–20.

Botrel, D. A. , de Barros Fernandes, R. V. , Borges, S. V. , & Yoshida, M. I. (2014) . Influence of wall matrix systems on the properties of spray-dried microparticles containing fish oil. Food Research International, 62, 344 – 352. https：//doi. org/ 10. 1016/j. foodres. 2014. 02. 003.

Calban, T. , & Ersahan, H. (2003) . Drying of a Turkish lignite in a batch fluidized bed. Energy Sources, 25 (12), 1129 – 1135. https：//doi. org/ 10. 1080/00908310390233568.

Camargo Novaes, S. S. , Hellmeister Dantas, F. B. , Alvim, I. D. , Rauen de Oliveira Miguel, A. M. , Vissotto, F. Z. , & Vercelino Alves, R. M. (2019) . Experimental method to obtain a uniform food powder mixture of omega-3 microcapsules and whole milk powder. LWT, 102, 372 – 378. https：//doi. org/10. 1016/ j. lwt. 2018. 12. 037.

Can Karaca, A. , Guzel, O. , & Ak, M. M. (2015) . Effects of processing conditions and formulation on spray drying of sour cherry juice concentrate. Journal of the Science of Food and Agriculture, 96 (2), 449–455. https：//doi. org/10. 1002/jsfa. 7110.

Caparino, O. A. , Tang, J. , Nindo, C. I. , Sablani, S. S. , Powers, J. R. , & Fellman, J. K. (2012) . Effect of drying methods on the physical properties and microstructures of mango (Philippine 'Carabao'var.) powder. Journal of Food Engineering, 111 (1), 135–148.

Carić, M. , & Milanović, S. (2002) . Milk powders. Physical and functional properties of milk powders. In Encyclopedia of dairy sciences. Oxford: Elsevier.

Chang, H. R., Rudareanu, F. C., & Pechère, J. -C. (1988). Activity of A-56268 (TE-031), a new macrolide, against Toxoplasma gondii in mice. The Journal of Antimicrobial Chemotherapy, 22 (3), 359 - 361. https://doi.org/10.1093/jac/22.3.359.

Chegini, G. R., & Ghobadian, B. (2005). Effect of spray-drying conditions on physical properties of orange juice powder. Drying Technology, 23 (3), 657-668. https://doi.org/10.1081/drt-200054161.

Chen, X. D., & Özkan, N. (2007). Stickiness, functionality, and microstructure of food powders. Drying Technology, 25 (6), 959 - 969. https://doi.org/10.1080/07373930701397400.

Davies, R. (1984). Particle size measurement: Experimental techniques. New York: Van Nostrand Reinhold.

de Souza, V. B., Thomazini, M., Balieiro, J. C. d. C., & Fávaro-Trindade, C. S. (2015). Effect of spray drying on the physicochemical properties and color stability of the powdered pigment obtained from vinification byproducts of the Bordo grape (Vitis labrusca). Food and Bioproducts Processing, 93, 39 - 50. https://doi.org/10.1016/j.fbp.2013.11.001.

Desobry, S. A., Netto, F. M., & Labuza, T. P. (1997). Comparison of spray-drying, drum-drying and freeze-drying for β-carotene encapsulation and preservation. Journal of Food Science, 62 (6), 1158 - 1162. https://doi.org/10.1111/j.1365-2621.1997.tb12235.x.

Dhanalakshmi, K., Ghosal, S., & Bhattacharya, S. (2011). Agglomeration of food powder and applications. Critical Reviews in Food Science and Nutrition, 51, 432.

Einhorn-Stoll, U. (2018). Pectin-water interactions in foods-from powder to gel. Food Hydrocolloids, 78, 109-119.

Ermiş, E. (2015). Gida Tozlari: Özellikleri Ve Karakterizasyonu. içindekiler/Content. GIDA, 40, 287.

Fang, F. C. (2004). Antimicrobial reactive oxygen and nitrogen species: Concepts and controversies. Nature Reviews. Microbiology, 2 (10), 820-832. https://doi.org/10.1038/nrmicro1004.

Fayed, M., & Otten, L. (2013). Handbook of powder science and technology. New York: Springer.

Fernández-López, J., Pérez-Alvarez, J. A., Sayas-Barberá, E., & López-

Santoveña, F. (2002). Effect of paprika (Capsicum annum) on color of Spanish-type sausages during the resting stage. Journal of Food Science, 67 (6), 2410-2414.

Finney, J., Buffo, R., & Reineccius, G. A. (2002). Effects of type of atomization and processing temperatures on the physical properties and stability of spray-dried flavors. Journal of Food Science, 67 (3), 1108-1114. https://doi.org/10.1111/j.1365-2621.2002.tb09461.x.

Fitzpatrick, J. J., van Lauwe, A., Coursol, M., O'Brien, A., Fitzpatrick, K. L., Ji, J., & Miao, S. (2016). Investigation of the rehydration behaviour of food powders by comparing the behaviour of twelve powders with different properties. Powder Technology, 297, 340-348. Retrieved from https://linkinghub.elsevier.com/retrieve/pii/S0032591016302042.

Fu, F., & Wang, Q. (2011). Removal of heavy metal ions from wastewaters: A review. Journal of Environmental Management, 92 (3), 407-418. https://doi.org/10.1016/j.jenvman.2010.11.011.

Gallo, L., Llabot, J. M., Allemandi, D., Bucalá, V., & Piña, J. (2011). Influence of spray-drying operating conditions on Rhamnus purshiana (Cáscara sagrada) extract powder physical properties. Powder Technology, 208 (1), 205-214. https://doi.org/10.1016/j.powtec.2010.12.021.

Gavrielidou, M. A., Valous, N. A., Karapantsios, T. D., & Raphaelides, S. N. (2002). Heat transport to a starch slurry gelatinizing between the drums of a double drum dryer. Journal of Food Engineering, 54 (1), 45-58. https://doi.org/10.1016/s0260-8774 (01) 00184-4.

Gharsallaoui, A., Roudaut, G., Chambin, O., Voilley, A., &Saurel, R. (2007). Applications of spraydrying in microencapsulation of food ingredients: An overview. Food Research International, 40 (9), 1107-1121. https://doi.org/10.1016/j.foodres.2007.07.004.

Hernandez, J. A., Pavon, G., & Garcıa, M. A. (2000). Analytical solution of mass transfer equation considering shrinkage for modeling food-drying kinetics. Journal of Food Engineering, 45 (1), 1-10.

Hickey, A. J., & Giovagnoli, S. (2018). Quality by design for particulate systems. AAPS Introductions in the Pharmaceutical Sciences (pp. 91-98). https://doi.org/10.1007/978-3-319-91220-2_11.

Ishwarya, S. P., & Anandharamakrishnan, C. (2015). Spray-freeze-drying approach for soluble coffee processing and its effect on quality characteristics. Journal of Food

Engineering, 149, 171–180.

Jafari, S. , Salmanzadeh, M. , Rahnama, M. , & Ahmadi, G. (2010) . Investiga-tion of particle dispersion and deposition in a channel with a square cylinder obstruction u-sing the lattice Boltzmann method. Journal of Aerosol Science, 41 (2) , 198–206. ht-tps：//doi. org/10. 1016/j. jaerosci. 2009. 10. 005.

Jafari, S. M. , Ghalegi Ghalenoei, M. , & Dehnad, D. (2017) . Influence of spray drying on water solubility index, apparent density, and anthocyanin content of pomegranate juice powder. Powder Technology, 311, 59 – 65. https：//doi. org/10. 1016/ j. powtec. 2017. 01. 070.

Jafari, S. M. , Assadpoor, E. , He, Y. , & Bhandari, B. (2008) . Encapsulation efficiency of food flavours and oils during spray drying. Drying Technology, 26 (7) , 816–835. https：//doi. org/10. 1080/07373930802135972.

Janiszewska, E. , & Witrowa–Rajchert, D. (2009) . The influence of powder mor-phology on the effect of rosemary aroma microencapsulation during spray drying. Interna-tional Journal of Food Science and Technology, 44 (12) , 2438–2444. https：//doi. org/ 10. 1111/j. 1365–2621. 2009. 02025. x.

Karasu, E. N. , & Ermis, E. (2019) . Determination of theeffect of exopolysaccha-ride (EPS) from Lactobacillus brevis E25 on adhesion of food powders on the surfaces, u-sing the centrifuge technique. Journal of Food Engineering, 242, 106–114. Retrieved from https：//linkinghub. elsevier. com/retrieve/pii/S0260877418303637.

Khalilian Movahhed, M. , & Mohebbi, M. (2016) . Spray drying and process opti-mization of carrot–celery juice. Journal of Food Processing & Preservation, 40 (2) , 212–225.

Knight, P. C. (2001) . Structuring agglomerated products for improved perform-ance. Powder Technology, 119 (1) , 14–25. https：//doi. org/10. 1016/s0032 – 5910 (01) 00400–4.

Koç, M. , Koç, B. , Yilmazer, M. S. , Ertekin, F. K. , Susyal, G. , & Bagdatlio-glu, N. (2011) . Physicochemical characterization of whole egg powder microencapsula-ted by spray drying. Drying Technology, 29 (7) , 780–788. https：//doi. org/10. 1080/ 07373937. 2010. 538820.

Koç, M. , Güngör, Ö. , Zungur, A. , Yalçın, B. , Selek, i. , Ertekin, F. K. , & Ötles, S. (2015) . Microencapsulation of extra virgin olive oil by spray drying：Effect of wall materials composition, process conditions, and emulsification method. Food and Bio-process Technology, 8 (2) , 301–318.

Kostoglou, M., & Karapantsios, T. D. (2003). On the thermal inertia of the wall of a drum dryer under a cyclic steady state operation. Journal of Food Engineering, 60 (4), 453-462. https://doi.org/10.1016/s0260-8774 (03) 00076-1.

Largo Ávila, E., Cortés Rodríguez, M., & Ciro Velásquez, H. J. (2015). Influence of maltodextrin and spray drying process conditions on sugarcane juice powder quality. Revista Facultad Nacional de Agronomía Medellín, 68 (1), 7509-7520. https://doi.org/10.15446/rfnam.v68n1.47839.

Lewicki, P. P. (2006). Design of hot air drying for better foods. Trends in Food Science and Technology, 17 (4), 153 - 163. https://doi.org/10.1016/j.tifs.2005.10.012.

Liu, W., Chen, X. D., Cheng, Z., & Selomulya, C. (2016). On enhancing the solubility of curcumin bymicroencapsulation in whey protein isolate via spray drying. Journal of Food Engineering, 169, 189 - 195. https://doi.org/10.1016/j.jfoodeng.2015.08.034.

Mani, S., Tabil, L. G., & Sokhansanj, S. (2006). Effects of compressive force, particle size and moisture content on mechanical properties of biomass pellets from grasses. Biomass and Bioenergy, 30 (7), 648 - 654. https://doi.org/10.1016/j.biombioe.2005.01.004.

McCabe, W. L., Smith, J. C., & Harriott, P. (2005). Unit operations of chemical engineering (7th ed.). New York: McGraw-Hill.

Mikli, V., Kaerdi, H., Kulu, P., & Besterci, M. (2001). Characterization of powder particle morphology/Pulbriosakeste morfoologia kirjeldamine. In Proceedings of the Estonian Academy of Sciences: Engineering (pp. 22-35). Tallinn: Academy Publishers.

Moghaddam, A. D., Pero, M., & Askari, G. R. (2017). Optimizing spray drying conditions of sour cherry juice based on physicochemical properties, using response surface methodology (RSM). Journal of Food Science and Technology, 54 (1), 174-184.

Molina-Sabio, M., & Rodriguez-Reinoso, F. (2004). Role of chemical activation in the development of carbon porosity. Colloids and Surfaces A: Physicochemical and Engineering Aspect, 241 (1 - 3), 15 - 25. https://doi.org/10.1016/j.colsurfa.2004.04.007.

Murrieta-Pazos, I., Gaiani, C., Galet, L., & Scher, J. (2012). Composition gradient from surface to core in dairy powders: Agglomeration effect. Food Hydrocolloids,

26 (1), 149-158. https：//doi. org/10. 1016/j. foodhyd. 2011. 05. 003.

Opáth, R. (2014). Technical exploitation parameters of grinding rolls work in flour mill. Research in Agricultural Engineering, 60 (Special Issue), S92-S97. https：// doi. org/10. 17221/41/2013-rae.

Patel, R. P., Baria, A. H., & Patel, N. A. (2014). An overview of size reduction technologies in the field of pharmaceutical manufacturing. Asian Journal of Pharmaceutics, 2 (4), 216.

Paudel, A., Worku, Z. A., Meeus, J., Guns, S., & Van den Mooter, G. (2013). Manufacturing of solid dispersions of poorly water-soluble drugs by spray drying：Formulation and process considerations. International Journal of Pharmaceutics, 453 (1), 253-284. https：//doi. org/10. 1016/j. ijpharm. 2012. 07. 015.

Pietsch, W. B. (2008). Agglomeration processes：Phenomena, technologies, equipment. Weinheim：Wiley.

Pinto, M. R., Paula, D. de A., Alves, A. I., Rodrigues, M. Z., Vieira, é. N. R., Fontes, E. A. F., & Ramos, A. M. (2018). Encapsulation of carotenoid extracts from pequi (Caryocar Brasiliense Camb) by emulsification (O/W) and foam-mat drying. Powder Technology, 339, 939-946. https：//doi. org/10. 1016/j. powtec. 2018. 08. 076.

Pua, C. K., Hamid, N. S. A., Tan, C. P., Mirhosseini, H., Rahman, R. B. A., & Rusul, G. (2010). Optimization of drum drying processing parameters for production of jackfruit (Artocarpus heterophyllus) powder using response surface methodology. LWT-Food Science and Technology, 43 (2), 343-349. https：//doi. org/10. 1016/ j. lwt. 2009. 08. 011.

Ré, M. I. (1998). Microencapsulation by spray drying. Drying Technology, 16 (6), 1195-1236. https：//doi. org/10. 1080/07373939808917460.

Reineccius, G. A. (1989). Flavor encapsulation. Food Reviews International, 5 (2), 147-176. https：//doi. org/10. 1080/87559128909540848.

Rulkens, W. H., & Thijssen, H. A. C. (2007). The retention of organic volatiles in spray-drying aqueous carbohydrate solutions. International Journal of Food Science and Technology, 7 (1), 95 - 105. https：//doi. org/10. 1111/j. 1365- 2621. 1972. tb01644. x.

Saad, M. M., Barkouti, A., Rondet, E., Ruiz, T., & Cuq, B. (2011). Study of agglomeration mechanisms of food powders：Application to durum wheat semolina. Powder Technology, 208 (2), 399 - 408. https：//doi. org/10. 1016/j. powtec. 2010. 08. 035.

Samaram, S. , Mirhosseini, H. , Tan, C. P. , & Ghazali, H. M. （2014）. Ultrasound-assisted extraction and solvent extraction of papaya seed oil: Crystallization and thermal behavior, saturation degree, color and oxidative stability. Industrial Crops and Products, 52, 702-708. https://doi.org/10.1016/j.indcrop.2013.11.047.

Schubert, H. （1987）. Food particle technology. Part I: Properties of particles and particulate food systems. Journal of Food Engineering, 6 （1）, 1-32. https://doi.org/10.1016/0260-8774 （87） 90019-7.

Shenoy, P. , Viau, M. , Tammel, K. , Innings, F. , Fitzpatrick, J. , & Ahrné, L. （2015）. Effect of powder densities, particle size and shape on mixture quality of binary food powder mixtures. Powder Technology, 272, 165-172. https://doi.org/10.1016/j.powtec.2014.11.023.

Sharma, M. , Kadam, D. M. , Chadha, S. , Wilson, R. A. , & Gupta, R. K. （2013）. Influence of particle size on physical and sensory attributes of mango pulp powder. International Agrophysics, 27 （3）, 323-328.

Soottitantawat, A. , Bigeard, F. , Yoshii, H. , Furuta, T. , Ohkawara, M. , & Linko, P. （2005）. Influence of emulsion and powder size on the stability of encapsulated d-limonene by spray drying. Innovative Food Science & Emerging Technologies, 6 （1）, 107-114. https://doi.org/10.1016/j.ifset.2004.09.003.

Stange, U. , Scherf-Clavel, M. , & Gieseler, H. （2013）. Application of gas pycnometry for the density measurement of freeze-dried products. Journal of Pharmaceutical Sciences, 102 （11）, 4087-4099. https://doi.org/10.1002/jps.23723.

Szulc, K. , & Lenart, A. （2013）. Surface modification of dairy powders: Effects of fluid-bed agglomeration and coating. International Dairy Journal, 33 （1）, 55-61. https://doi.org/10.1016/j.idairyj.2013.05.021.

Turchiuli, C. , Jimenez Munguia, M. T. , Hernandez Sanchez, M. , Cortes Ferre, H. , & Dumoulin, E. （2014）. Use of different supports for oil encapsulation in powder by spray drying. Powder Technology, 255, 103 - 108. https://doi.org/10.1016/j.powtec.2013.08.026.

Valous, N. A. , Gavrielidou, M. A. , Karapantsios, T. D. , & Kostoglou, M. （2002）. Performance of a double drum dryer for producing pregelatinized maize starches. Journal of Food Engineering, 51 （3）, 171 - 183. https://doi.org/10.1016/s0260-8774 （01） 00041-3.

Vogel, C. , Scherf, K. A. , & Koehler, P. （2018）. Effects of thermal and mechanical treatments on the physicochemical properties of wheat flour. European Food Research and Technology, 244 (8), 1367 – 1379. https：//doi. org/10. 1007/s00217 – 018-3050-3.

Walton, D. E. (2000). The morphology of spray – dried particles a qualitative view. Drying Technology, 18 (9), 1943 – 1986. https：//doi. org/10. 1080/07373930008917822.

Walton, D. E., & Mumford, C. J. (1999). The morphology of spray–dried particles：The effect of process variables upon the morphology of spray–dried particles. Chemical Engineering Research and Design, 77 (5), 442-460.

Wang, S., & Langrish, T. (2009). A review of process simulations and the use of additives in spray drying. Food Research International, 42 (1), 13 – 25. https：//doi. org/10. 1016/j. foodres. 2008. 09. 006.

Yohannes, B., Liu, X., Yacobian, G., & Cuitiño, A. M. (2018). Particle size induced heterogeneity in compacted powders：Effect of large particles. Advanced Powder Technology, 29 (12), 2978-2986. https：//doi. org/10. 1016/j. apt. 2018. 09. 020.

第3章 食品粉末的附着力

Ertan Ermiş
土耳其伊斯坦布尔萨巴哈廷扎伊姆大学（*Istanbul Sabahattin Zaim University*）
工程与自然科学学院食品工程系

3.1 引言

在食品工业中，颗粒黏附和内聚在许多应用中具有特别重要的意义，如粉末涂层、粉末配料、工艺设备的表面清洁、储存装置排料、混合/调配、包装和新产品开发。因此，控制食品粉末的黏附力和内聚力对工艺设计和提高加工效率至关重要。

黏附力是指粉末颗粒通过不同界面张力（如范德华力、静电力和毛细管力）和机械联锁作用固定在固体表面的状态，而内聚力描述的是一个颗粒与另一个颗粒的亲和力。黏附力可通过许多因素来控制，如粒度、形状、表面形态、含水量和化学组成。

虽然在某些食品应用中需要微粒或软固体黏附在表面上，但在某些加工阶段不需要多余材料的黏附和积累，这会形成污垢沉积。这种不必要的黏附可能会降低加工效率和产品质量，并影响卫生，还可能导致交叉污染。

人们开发了不同的技术来将粉末涂层应用于表面，由于颗粒在食品表面的黏附机理尚不清楚，因此人们研究了各种方法来确定食品粉末在表面上的黏附或去除特性。本章介绍了食品粉末的附着力、颗粒附着力测定的最新进展，并对所开发的测试方法性能进行评价。

3.2 食品粉末的黏附力

黏附力可被定义为两种具有共同接触面的固体物料之间的吸引力，其由短距离内的分子间吸引力产生（Petean et al.，2015）。黏附力在许多应用中起着重要作用，如粉末喷涂和黏性粉末的加工。粉末喷涂是指将食物粉末黏附在食品表面（Ermis et al.，2011），为了改善食品的外观和味道，通常会添加调味粉。为了使调味料在食品表面上均匀分布，调味料与休闲食品的黏附力应保持一致，大多数制造商会使用过量的涂层粉末，这可能会引起加工设备表面的浮渣堆积，从而导致生产中断来清洗加工设备（Adhikari et al.，2001；Ermis et al.，2011）。粉末尤其是奶粉和水果粉末，由于存在高浓度的低分子量糖（如葡萄糖、果糖和蔗糖），在平衡湿度和温度下可能会结块（Adhikari et al.，2001）。

对于大多数休闲食品而言，调味料与油一起使用或在油炸后立即使用。据报道，表面含油量的增加会导致黏附力增强（Enggalhardjo et al.，2005）。为了更好地了解粉末性能，减少粉末浪费，且提高粉末涂层工艺的效率，需要研究黏附机理和测定黏附力（Zafar et al.，2014）。

许多因素如流动性、相对湿度、颗粒大小和颗粒形状，都会影响粉末与表面的黏附。随着颗粒-颗粒和颗粒-表面的黏附强度增强，细粉体的流动性和分散性通常会变差（Zafar et al.，2014）。粉体的流动性受到粒度的影响（Teunou et al.，1999），一般来说，比表面积大的小颗粒黏附性较强，流动性较差。对于一致（均匀分散）的粉末涂层，首选自由流动的粉末（Khan et al.，2012），具有自由流动特性的粉末可提高传输效率和在食品基质表面的分散性。然而，由于目标表面的侧面覆盖率较高，使黏性粉末可能产生更好的附着力（Sumawi et al.，2005）。

据报道，在喷涂期间粒径对黏附强度和包裹效应（侧面覆盖率）有显著影响，这是因为单位质量的范德华力更强（Halim et al.，2007；Buck et al.，2007；Ermis et al.，2011）。随着粒径的增加，由于质荷比较低，侧面覆盖率降低，颗粒和表面之间的黏附力减弱（Halim et al.，2007）。微粒的黏附性能一直是工艺过程中关注的问题，因为这些特性可能会造成不利影响，如堵塞、分离或流动性差，从而导致生产过程的效率降低（Adhikari et al.，2001）。微粒在表面的黏附与工业卫生和空气污染密切相关（Petean et al.，2015）。

影响表面黏附力的其他因素还有颗粒形状和颗粒表面积（Karasu et al.，2019；Buck et al.，2007；Nussinovitch，2017）。据报道，片状颗粒的黏附性比立方体和树枝状颗粒的更好，特别是大于 200 μm 的较大颗粒（Miller et al.，2002；Niman 2000）。此外，粉末材料和基材的化学成分、水分含量和水分活度都会影响黏附力。表面油/液体含量是影响颗粒黏附力的重要因素之一，喷涂的有效性随着油含量的增加而增大（Miller et al.，2002）。由于黏度的差异，油的类型及其组成影响食品粉末的黏附性（Enggalhardjo et al.，2005）。表面拓扑结构、孔隙率和粗糙度也是影响颗粒黏附力的其他因素，如果粒径小于表面的孔径，可能会发生机械联锁（Bowling，1988）。研究发现在表面油存在的条件下，基材温度是影响食品粉末黏附力的另一个因素，表面温度降低会使黏附力降低（Buck et al.，2007）。

食品容器和包装中食品粉末的黏附可能会对消费者的可接受度产生不利影响。食品粉末在包装中的黏附会导致产品表面变形，包装中不必要的粉末黏附可能会引起消费者对产品的反感（Kilcast et al.，1998；Adhikari et al.，2001）。

现在已使用各种方法将粉末材料例如调味粉末覆盖在食品基质上（如休闲食品），滚筒和传送带技术是最常用的调味涂层方法。另一项新兴技术，静电粉末喷涂是可应用于工业生产的方法之一（Halim et al.，2007）。在该方法中，粉末颗粒形成粉末云，并通过静电作用均匀地分散在食品表面，由于小颗粒的高荷质比，静电力导致带电颗粒和食品表面之间产生吸引力（Halim et al.，2015）。据报道，静电粉末喷涂是一项很有发展前景的技术，适用于基材表面无油或液体的小粒度组分（尤其是 100 μm 以下）（Buck et al.，2007）。

为了理解食品粉末的特性，需要详细研究黏附力和影响黏附的因素，目前已经开展了一些实验、理论和数值研究来测定并更好地了解颗粒的黏附性（Zafar et al.，2014）。

3.3 粉末涂层系统

食品粉末涂层是指将微粒应用于食品表面，以实现新的功能，如改善感官属性（即颜色和风味），提高消费者的可接受性；改善营养品质（即维生素、矿物质或生物活性物质的应用）；通过使用抗结剂（例如乳酪粉上的粉状纤维素）来提高流动性；或涂上抗菌剂以延长保质期（Dhanalakshmi et al.，2011；Yousuf et al.，2007；Khan et al.，2012；Elayedath et al.，2002）。因此，涂层材料的有效靶向性及粉末颗粒在食品表面的均匀分布特性是食品工业所需的（Khan et al.，2012）。粉末涂层应适当，以较高的传递效率将涂料均匀地分散在靶材上。粉末物料的黏附性对颗粒可持续附着在食物表面上非常重要，为了将粉末颗粒固定在产品表面，首先在目标表面喷洒油或亲水性胶体溶液，以促进颗粒的黏附。

3.3.1 重力式滚筒涂层（滚筒涂布系统）

滚筒辊式涂布是一种常见且被广泛应用于可翻滚食品上的涂布方法（Biehl 和 Barringer，2003），滚筒是具有一定倾斜度的水平圆筒，允许产品从一端流向另一端（Hui，2006）。它们被设计为一种能产生折叠作用的方式，这种折叠作用会沿着食品的表面向下延伸，调味料颗粒被带向与级联层相反的方向（Denis et al.，2003）。调味粉的均匀分布是通过将整个基材暴露于香料喷雾或粉末涂层区域内，同时通过翻滚作用来实现食物的混合（Elayedath et al.，2002）。粉末密度、粉末进料速度、滚筒搅拌机中食物的体积以及转速都会影响涂层效率（Wong et al.，2005）。在大多数情况下，液体介质（如油）被喷到滚筒的物料上，有助于食品粉末黏附在滚筒表面（Ermis，2011）。

3.3.2　带式系统

带式涂层系统通常有助于咸薯片、饼干或椒盐脆饼等产品的单面涂层（Dreier，1991），可以采用不同类型的输送机，如振动式、开口网带式、密闭织物芯带式或其他选定类型。在这种方法中，进入涂层区的传送带被涂覆上一定量的粉末，产品在传送带上涂层时需要翻转，以便使粉末物料均匀分布在目标表面上（Lusas et al.，2001；Riaz，2015）。然而，当使用该技术时，将三维产品的所有面均匀地涂覆是一项挑战。在这种方法中，涂层效率（可以定义为黏附在目标上的粉末量与粉末总质量之比）相对较低。因此，使用的粉末物料比所需的量更多，以达到预期的涂层效率（Khan et al.，2012）。

3.3.3　静电喷涂

静电粉末喷涂技术是利用静电荷来提高粉末颗粒在食品基质上的黏附强度，带有高压电极的电晕枪被用于向分散的或吹过待涂覆基材表面的粉末物料施加电荷（图 3.1），高压电极产生电场并对颗粒产生负电荷，接地的基质会吸引带电颗粒（Khan et al.，2012）。

据报道，该技术提高了颗粒涂层的效率。由于装置是密封的，不会在环境中损失粉末，从而降低了损耗，减少浪费。报道称，当使用静电时，黏附所需的油量降低 20%，而增加相对湿度会减少静电黏附（Khan et al.，2012）。

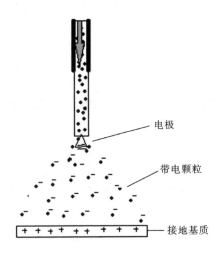

电极

带电颗粒

接地基质

图 3.1　静电粉末喷涂示意图

（资料来源：Prasad et al.，2016）

3.3.4 大气压等离子喷涂系统

大气压等离子体放电已被应用于陶瓷、汽车等不同行业的表面粉末涂层。通过施加高压电从气体原料中产生自由基、离子和活性分子，这些活性分子、离子和自由基激活基材表面和颗粒，以增强粉末材料对基材表面的黏附力。尽管已经有一些研究人员研究了等离子体放电对食品粉末涂层的影响（Suganya et al.，2018），但仍然缺乏该领域的相关信息。

3.4　黏附机理

颗粒表面与表面之间的黏附机制和黏附力类型，取决于构成颗粒的固体材料的理化性质，以及颗粒表面与表面之间是否存在液相层。液层（即油或水溶胶）改善了液体和可溶性固体之间的相互作用，促进了黏附。化学成分和分子结构在黏附性能中起着重要作用，根据化学成分和分子结构的不同，食品物料表现出不同的性质，如吸湿性和疏水性。根据这些性质，可将食品物料分为 3 类：无定形、结晶和半结晶材料。大多数食品粉末表现出吸水性（水溶性），一些富含脂肪和油脂的食物可能具有疏水性（Dopfer et al.，2013）。颗粒形状、颗粒大小和接触几何影响所测的黏附力大小，对于细颗粒（1~10 μm），表面引力比惯性力更占优势（表面荷质比的增加），这使颗粒的黏附力增强（Wanka et al.，2013）。

根据不同的化学成分和结构，颗粒与食品材料表面之间会产生不同的黏附机制（图 3.2）。

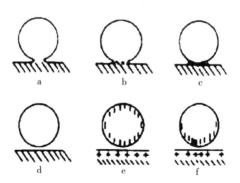

图 3.2　颗粒与表面之间的黏附机制

a—化学键合（烧结）　b—溶质结晶键合　c—毛细管力或液桥（黏性键合）

d—范德瓦耳斯力　e 和 f—静电力（资料来源：Schubert，1987）

假设总黏附力为范德瓦耳斯力 F_{vdW}（对于细粉末作用显著）、毛细管力 F_{cap}（存在液层时占主导地位）和静电力 F_{el}（颗粒高度带电时占主导地位）等的总和（Ermis et al.，2011；Zafar et al.，2014；Salazar Banda et al.，2007），范德瓦耳斯力随着粒度减小而增大，这些力的总和可以假设为总黏附力［式（3.1）］（Salazar Banda et al.，2007）：

$$F_{ad} = F_{vdW} + F_{cap} + F_{el} \tag{3.1}$$

如果粉末和表面是干燥的，且没有任何化学键和电场，那么颗粒之间以及颗粒与表面之间的黏附力通常是由于范德瓦耳斯力相互作用引起的（Salazar-Banda et al.，2007）。据报道，如果有压力作用在颗粒上，则静电力远小于范德瓦耳斯力（Petean 和 Aguiar，2015）。

粒度对微粒系统的内聚和黏合强度有重要影响。由于微米和纳米颗粒的比表面积大，它们极易受到静电或分子间相互作用的影响，而大小在 10 μm 以下则范德瓦耳斯力变得显著（Rumpf et al.，1962）。中值粒径超过 200 μm 的粉末被认为是自由流动的，而更细的颗粒由于内聚力容易黏在一起，流动性差（Teunou et al.，1999）。尺寸小于 1 μm 的颗粒由于分子力的作用可能会发生变形，从而增加接触面积，形成更紧密的接触（Cyprien et al.，1999）。很多研究者已经研究过颗粒的黏附机理，并进行了详细的综述（Bowling，1988；Kendall et al.，2001；Kumar et al.，2013；Schubert，1987；Adhikari et al.，2001）。

3.4.1　静电力

当非导电颗粒接触时，它们可归因于不同的接触电势值。当颗粒具有过多的相反电荷时，可能会发生静电吸附（Schubert，1987）。

非导电颗粒的静电吸附力 F_{el} 可用库仑定律［式（3.2）］计算为：

$$F_{el} = \frac{\pi q_1 q_2 d_1^2 d_2^2}{\varepsilon_r \varepsilon (d_1 + d_2 + 2x)} \tag{3.2}$$

式中，q_1 和 q_2 是球形颗粒的电荷（C·m^{-2}），ε_r 是相对介电常数（无量纲），ε 是周围介质的绝对介电常数（C^2·N·m^{-2}），x（m）是颗粒之间的间距，d_1 和 d_2 是球体的直径（Schubert，1987）。

对于导电颗粒，由两个刚性球体之间的接触电势产生的黏附力 F_{el} 由式（3.3）给出：

$$F_{el} = \frac{\pi \varepsilon_r \varepsilon U^2 d_1 d_2}{2(d_1 + d_2) x} \tag{3.3}$$

式中，F_{el} 是两个球形颗粒之间或球体与平面之间的内聚力/黏附力，U 是接触电势（N·m·s^{-1} 或 V）（变化范围在 0.1~0.7V 之间）（Schubert，1987）。

3.4.2 范德瓦耳斯力

范德瓦耳斯力（F_{vdW}）是由近距离的分子接触产生的，这些力是由于颗粒的塑性或黏弹性变形而引起的分子临时负荷转移所产生的静电力。Lifshitz（1955）和Hamaker（1937）将这些力与圆形板两个表面之间的接触区特性联系起来［见式（3.4）、式（3.5）］（Dopfer et al.，2013）。

利夫希兹 Lifhitz：

$$F_{vdW} = \frac{h\bar{w}}{32\pi h_s^3} x^2 \qquad (3.4)$$

哈梅克 Hamaker（h_s<150 nm）：

$$F_{vdW} = \frac{H}{24 h_s^3} x^2 \qquad (3.5)$$

x 是两个颗粒的圆形接触面积的直径，h_s 是两个颗粒或平行表面之间的间距。$h\bar{w}$ 是利夫希兹-范德瓦耳斯常数（$10^{-20} \sim 10^{-18}$ J），H 是哈梅克常数（$10^{-19} \sim 10^{-18}$ J），该常数取决于接触材料和周围的液体。

颗粒与接触面之间的距离对范德瓦耳斯力有很大影响，接触面积的增加或其表面之间距离的减小会增加范德瓦耳斯力。这些几何性质的变化与颗粒的塑性和黏弹性变形程度有关，这取决于颗粒的机械性能（即黏度和弹性）（Dopfer et al.，2013）。无定形水溶性粉末材料（即麦芽糊精）的物理化学性质受其水溶液浓度的影响，水向无定形颗粒结构的迁移可能导致玻璃化转变温度的降低，并改变一些流变学特性和机械性能，如黏度和弹性（Dopfer et al.，2013）。这种行为可能会导致微粒的黏弹性变化，通过增加颗粒之间的接触面积，减小颗粒表面之间的距离，导致范德瓦耳斯力增加，从而提高附着力（Dopfer et al.，2013）。

F_{vdW} 可通过两个直径为 d_1（m）和 d_2（m）的两个球体（理想的光滑球体和刚性球体）进行计算，两个球体之间的距离为 x（m）（Adhikari et al.，2001），见式（3.6）：

$$F_{vdW} = \frac{E_p d_1 d_2}{16\pi(d_1 d_2) x^2} \qquad (3.6)$$

E_p 是范德瓦耳斯相互作用能（$10^{-19} \sim 10^{-18}$ J）。在颗粒彼此紧密接触的情况下，范德华力（N）变得更强。公式（3.6）既可用于颗粒-颗粒界面，也适用于颗粒-平面界面（Schubert，1987）。

3.4.3 毛细管力和液体桥

这种黏附力是由颗粒-表面系统之间的低黏度液体桥产生的。据报道，当颗粒和基质表面之间存在低黏度液层时（图3.3），与静电力和范德华力相比，毛细管力将占主导（Dopfer et al.，2013；Wang et al.，2017）。可以用不同的方法计算两颗粒间的毛细管力，Rabinovich 等（2005）采用总能量法确定毛细管力，当颗粒系统之间的间距增大时，范德华力比毛细管力表现出更明显的下降。许多文献报道，有液体桥的颗粒之间产生了黏附力（Dopfer et al.，2013；Payam et al.，2011；Megias-Alguacil et al.，2009；Simons，2007）。

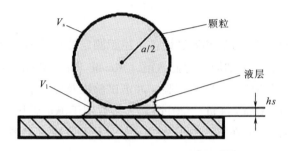

图 3.3　毛细管力引起的颗粒黏附

（V_l/V_s 是液固体积比，a 是颗粒直径，hs 是间距）

颗粒–表面或颗粒–颗粒之间的液体桥改善了黏附和内聚现象，这些液体桥可分为移动式和固定式，固定式可分为三种状态：摆动状、索带状和毛细管状（图 3.4）。

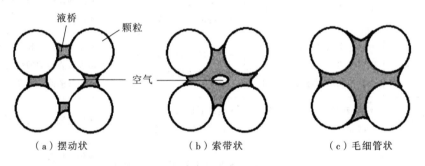

（a）摆动状　　　　　　（b）索带状　　　　　　（c）毛细管状

图 3.4　固定液桥示意图

（资料来源：Peleg，1977）

液体在颗粒表面被吸收的同时，也渗透到颗粒的超分子和毛细管结构中。随着时间的推移，液体的转移会影响毛细管力引起的黏附。一般情况下，当存放粉末物料的存储器相对湿度高于70%时，毛细管力占主导地位（Halim et al.，2007）。

3.4.4　机械联锁

具有不规则表面特征的纤维状、块状和片状颗粒之间可能发生联锁（交锁）或折叠作用，这可能导致"形成-闭合"键（Pietsch，2003）。尤其是当材料的温度上升到一定程度，导致分子相互流动时，会发生这种机械结合（颗粒之间的机械联锁/结合/啮合）（Griffith，1991）。

3.5 颗粒黏附性的测定方法

已经开发了各种测试方法和测试设备，用于测定颗粒-颗粒界面和颗粒-表面之间的黏附力（表 3.1），例如原子力显微镜（Atomic Force Microscopy，AFM）、离心分离、电场分离、气动分离、跌落试验、冲击试验以及振动法（Zafar et al.，2014；Karasu et al.，2019；Ermis et al.，2011）。大多数用于测量颗粒黏附力的方法耗时，或者实验要求很高，亦或在实践中不适用。由于大多数技术无法常规应用，研究人员一直致力于寻找一种简单的替代方法。

表 3.1 黏附力测定方法（资料来源：Ermis et al.，2011）

方法	操作	优点	缺点
离心分离	• 切向分离 • 测定前后图像分析/称重	• 精确且可重复 • 简单且完善 • 良好的统计数据	• 需要使用大小相同的颗粒 • 黏性粉末可能会存在问题 • 耗时
气动分离	• 以一定角度位置通过空气喷射分离 • 测定前后图像分析/称重	• 对基质尺寸要求灵活 • 良好的统计数据	• 需要考虑颗粒与颗粒的碰撞以及表面的颗粒层 • 空气的流速很高
水动分离	• 由液体流动引起的分离 • 测定前后图像分析/称重	• 对基质形状要求灵活 • 良好的统计数据	• 仅适用于不溶性颗粒
冲击分离	• 通过对颗粒表面的冲击而分离，并黏附在另一侧 • 测定前后图像分析/称重	• 测试方法不复杂，易于操作 • 成本相对较低 • 良好的统计数据	• 细颗粒需要较高的重力 • 液层的存在会产生毛细管力，因此需要更大的冲击力 • 在高冲击力下可能会损坏颗粒表面系统
振动	• 通过声波换能器分离 • 测定前后图像分析/称重	• 可与液体一起使用 • 良好的统计数据	• 在高振动力下可能会破坏颗粒表面系统 • 可能发生塑性变形
静电分离	• 电压加在电极之间 • 测定前后图像分析/称重	• 相对较快的方法 • 良好的统计数据	• 只针对带电颗粒

方法	操作	优点	缺点
AFM	• 光束偏转与悬臂的偏转成正比 • 压电传感器测定分离颗粒所需的力	• 精度高，可控性强 • 相同的颗粒可以在不同的条件下进行测定 • 不同的尖端距离 • 接触时间短 • 既测定引力，也测定分离力	• 样品制备时间长 • 黏性粉末可能会造成困难 • 成本高 • 需要进行足够数量的测试以进行统计 • 统计性差

目前对此研究的技术，可采用不同的机制和方法来测定颗粒黏附力，因此，产生各种测量黏附力的方法，例如表面接触测定以及颗粒沉积和分离（Hu et al.，2010）。表面形态、颗粒物理性质（形状、尺寸、表面结构、颗粒密度等）和接触几何都会影响黏附力的测定（Packham，2003），温度和湿度是影响黏附力大小的外在因素（LaMarche et al.，2010）。

有些方法，如 AFM 可能成本高昂，而且只关注单个颗粒。然而，一些应用涉及整装粉末处理，这就需要一种快速可靠的检测方法。因此，已经开发跌落测试法（Zafar et al.，2014）和冲击附着力测试仪（Ermis et al.，2011），它们能够确定附着在堆积表面的粉末黏附力以模拟工业应用，如香精涂层。在这些测试方法中，将表面黏附有基质的颗粒附着在样品架上，并通过从设定高度将短棒落在挡板上，使其受到拉力/冲击力。Vahdat 等（2013）对振动法进行了研究，Wanka 等（2013）对霍普金森（Hopkinson）压杆技术进行了应用（Wanka et al.，2013），Petean 和 Aguiar（2015）对分离方法进行了综述。

3.5.1　胶体探针技术/原子力显微镜技术

AFM 技术已被不同的研究人员用于表征颗粒黏附力（Kappl 和 Butt，2002；Beach et al.，2002；Duri et al.，2013）。然而，它只能测量单个颗粒的黏附力，并且由于颗粒的不规则性，需要进行大量的测试才能获得可靠的数据，这是进行具有代表性的颗粒数量研究的限制因素（Wanka et al.，2013）。每个单一颗粒必须手动连接到微悬臂的末端，这使其不适合测定散装粉末的黏附力。此外，设备昂贵且测量耗时，因为会接触几何和局部表面性质的变化，为了获得可靠的数据，需要对不规则颗粒进行多次测量。

3.5.2　离心分离法

颗粒与基质表面之间的黏附力，可通过测量黏附在基质表面上颗粒的角速度所产生的力来确定，基质放置在离心机转子中，有一个确定的颗粒质量，且与旋转中心的距离已知（Ermis et al.，2011；Salazar–Banda et al.，2007；Karasu et al.，2019；Knoll et al.，2015）。可在附着颗粒的基质上施加不同的转速，以确定颗粒能从基质表面分离。在该方法中，分离颗粒所需的力与颗粒大小、颗粒形状和表面特性成比例变化。在分离方向上产生的作用于单个颗粒的黏附力可通过公式（3.7）计算（Salazar-Banda et al.，2007）。

$$F_{cen} = m\omega d^2 dc \qquad (3.7)$$

式中，m 是颗粒的质量，ωd 是分离所需的角速度，dc 是样品与转子中心（旋转轴）之间的距离。

采用离心分离法，可以同时测定大量颗粒的黏附力。但是每次加速都会产生向上或者向下的旋转动作，所以每次测试所需的时间可能会很长。

3.5.3 静电/电场分离

另一种表征颗粒黏附力的方法是静电分离（Takeuchi，2006），在这种方法中，在电场的作用下，颗粒从固体表面分离。这种方法只能用于导电颗粒，这限制了它的使用范围。

3.5.4 气动/水动分离

空气动力学方法是利用穿过表面的气体或气流来测定颗粒的黏附力（Enggalhardjo 和 Narsimhan，2005；Shukla 和 Henthorn，2009）。据报道，在这种方法中，可能会发生颗粒-颗粒碰撞，颗粒间的接近程度会进一步影响阻力，这可能会导致颗粒的破碎。该技术使用控制（或估计）剪切应力条件（即流体流过表面）并监测颗粒的响应（Burdick et al.，2005）。当使用液体时，该技术仅限于不溶性颗粒和表面。

3.5.5 惯性分离

Wanka 等（2013）开发了一种方法，该方法基于霍普金森（Hopkinson）杆（一种细长的钛杆）自由端产生的加速度来确定细粉末在表面上的颗粒黏附力，冲击波脉冲一端由气枪射出的子弹激发。在这项技术中，杆的高加速度（约 500000 g）使表面收缩，并且由于惯性，颗粒发生分离。杆被物理激发，以提供从表面分离颗粒所必需的加速度，将颗粒从表面分离。当颗粒的黏附力超过杆提供的惯性力时，就会发生这种情况（Wanka et al.，2013）。黏附力通过式（3.8）计算。

$$F_{ad} = F_{detach} = \rho \frac{4}{3}\pi R^3 a \qquad (3.8)$$

式中，ρ 为颗粒密度，R 为颗粒半径，a 为表面加速度。

3.5.6　冲击/跌落分离

Ermis 等（2011）设计了一种台架式冲击试验机，用于测定颗粒与表面之间的黏附力大小。测试仪有一个垂直移动的压板，据报道，根据跌落高度可产生 100 g 左右的力。同样，Zafar 等（2014）也设计并使用了跌落试验法。该试验的原理为，由于玻璃管内铝制短棒上附着的基质突然减速引起的颗粒冲量导致颗粒分离。对于这两种技术，从基质表面除去一定比例黏附颗粒所需的力，采用计算出的颗粒质量（基于颗粒的大小、密度和加速度），由牛顿第二运动定律计算得到。可以利用基于重量损失的实验室天平或通过显微镜和图像分析对分离的颗粒进行研究。

在临界粒度条件下，当作用力大于颗粒分离阈值力时，颗粒可以从基质表面分离，当作用力小于该阈值力时，颗粒保留在基表表面，分离颗粒所需的阈值力可以采用牛顿第二运动定律来确定，需要评价的变量有粉末粒度、加速度和颗粒密度。Zafar 等（2014）使用基于对颗粒数量进行显微镜观察的跌落试验装置，测试了各种材料，如硅化玻璃珠、微晶纤维素、α-乳糖和淀粉，测定方法与 Ermis 等（2011）提出的方法相似，他们设计并推出了冲击黏附力测试仪（Impact Aclhesion Tester，IAT），用于测定粉末在食品表面的黏附力。在冲击时，颗粒上产生张力，由于张力和黏附强度之间的平衡而产生分离作用，通过测量冲击前后基质涂层的质量来计算颗粒分离的数量。这两种技术的原理都基于在不同的减速条件下，通过颗粒在基质表面的动量不同使颗粒分离，分离力可以用牛顿第二运动定律来确定，颗粒质量需要根据其体积和密度以及颗粒的减速度来确定，以计算使一个颗粒分离所需的力。

3.5.7　振动技术

研究表明，在振动条件下，颗粒从基质表面分离前会产生滚动，从而降低了颗粒与表面之间的黏附力（Kobayakawa et al.，2015）。

3.5.8　共振频率/振动

在共振频率法中，摇摆运动由连接到平整表面的空气声学换能器或超声换能器产生（Vahdat et al.，2013），该方法利用共振频率（由短声脉冲激发）在颗粒黏附的表面上产生摇摆运动。

振动技术作为一种替代方法，已被开发和研究（Kobayakawa et al.，2015）。该方法采用压电振动器产生正弦交变应力，使颗粒从基质表面分离。可以控制振动幅度，并使用高速显微相机分析分离的颗粒。在这种方法中，振动可能会使凸体变平，并导致附着力增强（Ripperger et al.，2008）。

Wanka 等（2013）采用霍普金森（Hopkinson）杆测定颗粒黏附力，当对微粒施加约 500000 g 加速度时，通过光学显微镜监测颗粒分离的过程。这类技术仅限于测试 3~20 μm 范围内的微粒黏附能力，振动技术的一个缺点是可能发生塑性变形，从而在高振动力下损坏基质表面和颗粒。

3.5.9 数学模型

为了估算颗粒与基质表面之间的黏附强度，已经研究了不同的数学模型来描述颗粒的接触力学，最广泛使用的方法是 Johnson-Kendall- Robert（JKR）（Johnson et al.，1971）和 Derjaguin-Muller-Toporov（DMT）（Derjaguin et al.，1975）的理论。黏附功（The work of adhesion，WA）被定义为将单位面积的表面从接触到无限分离所需可逆功的量（Derjaguin et al.，1975）。

JKR 理论是建立在赫兹分析的基础上，随着黏附性能的引入，接触面积会发生改变，并且需要一个与接触表面能相关的分离力来使黏附的颗粒分离，这一理论认为所有的短距离接触力都均匀分布在接触区域内，这种方法更适用于具有显著黏附力的软材料（Johnson et al.，1971）。

DMT 理论考虑了作用在接触区域外活动的颗粒之间的分子吸引力（非接触力的估算），描述了刚性材料之间的弱引力（Derjaguin et al.，1975）。

两种模型都假设可弹性变形固体与球体–球体或球体–平面几何体接触，这些模型预测了将颗粒从另一个颗粒或表面分离所需的分离力。见式（3.9）和式（3.10）

$$F_{ad} = 2\pi R W_A (DMT) \tag{3.9}$$

$$F_{ad} = \frac{3}{2}\pi R W_A (JKR) \tag{3.10}$$

式中，R 是与平面或其他颗粒接触的球形颗粒的半径，因为分离接触的固体表面需要做功，所以分子的黏附力可以用能量来表示（Petean et al.，2015）。

基于 DMT 和 JKR 模型，根据颗粒基质的机械性能和几何结构确定了颗粒与基质的黏附力。然而，颗粒与基质的黏附力也受到一些其他因素的影响（即颗粒和基质的表面粗糙度；静电电荷和环境相对湿度）（Liu et al.，2011）。对接触力学基本原理的综述见其他章节。

3.6 结论

目前，对颗粒体系黏附机理的理论和实验研究表明，材料特性，如疏水性、吸湿性、力学/流变性和颗粒性能（尺寸、形状和表面特性）需要被深入研究，以便更好地描述和理解食品粉末复杂的黏附和内聚行为。近年来，关于颗粒黏附的研究大多集中在单个颗粒/细胞黏附上。然而，在大规模生产的操作过程中（如休闲食品制造），散装食品颗粒黏附到食品表面的研究工作仍有待完成。

参考文献

Adhikari, B. , Howes, T. , Bhandari, B. , & Truong, V. （2001）. Stickiness in foods: A review of mechanisms and test methods. International Journal of Food Properties, 4, 1-33. https://doi.org/10.1081/JFP-100002186.

Beach, E. R. , Tormoen, G. W. , Drelich, J. , & Han, R. （2002）. Pull-off force measurements between rough surfaces by atomic force microscopy. Journal of Colloid and Interface Science, 247, 84-99.

Biehl, H. L. , & Barringer, S. A. （2003）. Physical properties important to electrostatic and nonelectrostatic powder transfer efficiency in a tumble drum. Journal of Food Science, 68, 2512-2515.

Bowling, R. A. （1988）. A theoretical review of particle adhesion. Particles on Surfaces, 1, 129-142.

Buck, V. E. , & Barringer, S. A. （2007）. Factors dominating adhesion of NaCl onto potato chips. Journal of Food Science, 72 （8）, E435-E441.

Burdick, G. M. , Berman, N. S. , & Beaudoin, S. P. （2005）. Hydrodynamic particle removal from surfaces. Thin Solid Films, 488, 116-123.

Cyprien, G. , & Ludwik, L. （1999）. On stickiness. Physics Today, 52 （11）, 48-52. https://doi.org/10.1063/1.882884.

Denis, C. , Hemati, M. , Chulia, D. , Lanne, J. Y. , Buisson, B. , Daste, G. , & Elbaz, F. （2003）. A model of surface renewal with application to the coating of pharmaceutical tablets in rotary drums. Powder Technology, 130, 174-180.

Derjaguin, B. V. , Muller, V. M. , & Toporov, Y. P. （1975）. Effect of contact deformations on the adhesion of particles. Journal of Colloid and Interface Science, 53, 314-326.

Dhanalakshmi, K. , Ghosal, S. , & Bhattacharya, S. （2011）. Agglomeration of food powder and applications. Critical Reviews in Food Science and Nutrition, 51,

432-441.

Dopfer, D. , Palzer, S. , Heinrich, S. , Fries, L. , Antonyuk, S. , Haider, C. , & Salman, A. D. (2013) . Adhesionmechanisms between water soluble particles. Powder Technology, 238, 35-49.

Dreier, W. (1991) . The nuts and bolts of coating and enrobing. Prepared Foods, 160, 47-48.

Duri, A. , George, M. , Saad, M. , Gastaldi, E. , Ramonda, M. , & Cuq, B. (2013) . Adhesion properties of wheat-based particles. Journal of Cereal Science, 58 (1) , 96-103. https: //doi. org/10. 1016/j. jcs. 2013. 03. 015.

Elayedath, S. , & Barringer, S. A. (2002) . Electrostatic powder coating of shredded cheese with antimycotic and anticaking agents. Innovative Food Science and Emerging Technologies, 3, 385-390.

Enggalhardjo, M. , & Narsimhan, G. (2005) . Adhesion of dry seasoning particles onto tortilla chip. Food Engineering and Physical Properties, 70 (3) , E215-E222. https: //doi. org/10. 1111/j. 1365-2621. 2005. tb07138. x.

Ermis, E. (2011) . Establishment of a repeatable test procedure for measuring adhesion strength of particulates in contact with surfaces. London: University of Greenwich.

Ermis, E. , Farnish, R. J. , Berry, R. J. , & Bradley, M. S. A. (2011) . Centrifugal tester versus a novel design to measure particle adhesion strength and investigation of effect of physical characteristics (size, shape, density) of food particles on food surfaces. Journal of Food Engineering, 104 (4) , 518-524.

Griffith, E. (1991) . Cake formation in particulate systems (p. 237) . New York: VCH Publishers.

Halim, F. , & Barringer, S. A. (2007) . Electrostatic adhesion in food. Journal of Electrostatics, 65 (3) , 168-173.

Halim, F. , & Barringer, S. A. Ã. ((2015) . Electrostatic adhesion in food. Journal of Electrostatics, 65, 168-173.

Hamaker, H. C. (1937) . The London-van der Waals attraction between spherical particles. Physica, 4, 1058-1072.

Hu, S. , Kim, T. H. , Park, J. G. , & Busnaina, A. A. (2010) . Effect of different deposition mediums on the adhesion and removal of particles. Journal of the Electrochemical Society, 157 (6) , H662-H665. https: //doi. org/10. 1149/1. 3377090.

Hui, Y. H. (2006) . Handbook of food products manufacturing. Hoboken: Wiley.

Johnson, K. L. , Kendall, K. , & Roberts, A. D. (1971) . Surface energy and the contact of elastic solids. In Proceedings of the Royal Society A: Mathematical, Physical and Engineering Sciences. London: Royal Society.

Kappl, M., & Butt, H. J. (2002). The colloidal probe technique and its application to adhesion force measurements. Particle and Particle Systems Characterization, 19, 129.

Karasu, E. N., & Ermis, E. (2019). Determination of the effect of exopolysaccharide (EPS) from lactobacillus brevis E25 on adhesion of food powders on the surfaces, using the centrifuge technique. Journal of Food Engineering, 242, 106-114.

Kendall, K., & Stainton, C. (2001). Adhesion and aggregation of fine particles. Powder Technology, 121 (2-3), 223-229.

Khan, M. K. I., Schutyser, M. A. I., Schroën, K., & Boom, R. M. (2012). Electrostatic powder coating of foods - state of the art and opportunities. Journal of Food Engineering, 111, 1-5.

Kilcast, D., & Roberts, C. (1998). Perception and measurement of stickiness in sugar-rich foods. Journal of Texture Studies, 29, 81-100.

Knoll, J., Knott, S., & Nirschl, H. (2015). Characterization of the adhesion force between magnetic microscale particles and the in fluence of surface-bound protein. Powder Technology, 283, 163-170. https://doi.org/10.1016/j.powtec.2015.05.028.

Kobayakawa, M., Kiriyama, S., Yasuda, M., & Matsusaka, S. (2015). Microscopic analysis of particle detachment from an obliquely oscillating plate. Chemical Engineering Science, 123, 388-394.

Kumar, A., Staedler, T., & Jiang, X. (2013). Role of relative size of asperities and adhering particles on the adhesionforce. Journal of Colloid and Interface Science, 409, 211-218.

LaMarche, K. R., Muzzio, F. J., Shinbrot, T., & Glasser, B. J. (2010). Granular flow and dielectrophoresis: The effect of electrostatic forces on adhesion and flow of dielectric granular materials. Powder Technology, 199, 180-188.

Lifshitz, E. M. (1955). The theory of molecular attractive forces between solids. Journal of Experimental and Theoretical Physics, 2, 94-110.

Liu, G., Li, S., & Yao, Q. (2011). A JKR-based dynamic model for the impact of micro-particle with a flat surface. Powder Technology, 207, 215-223.

Lusas, E., & Lloyd, R. (2001). Snack Foods Processing (Google eBook) (p. 639). Boca Raton: CRC Press. Available at: http://books.google.com/books? id = W_ 5wlzckPkMC&pgis = 1.

Megias-Alguacil, D. , & Gauckler, L. J. (2009) . Capillary forces between two solid spheres linked by a concave liquid bridge: Regions of existence and forces mapping. AIChE Journal, 55, 1103-1109.

Miller, M. J. , & Barringer, S. A. (2002) . Effect of sodium chloride particle size and shape on nonelectrostatic and electrostatic coating of popcorn. Journal of Food Science, 67 (1) , 198-201.

Niman, C. E. (2000) . In search of the perfect salt for topping snack foods. Cereal Foods World, 45 (10) , 466-469.

Nussinovitch, A. (2017) . Adhesion in foods. In Fundamental principles and applications. West Sussex: Wiley.

Packham, D. E. (2003) . Surface energy, surface topography and adhesion. International Journal of Adhesion and Adhesives, 23, 437-448.

Payam, A. F. , & Fathipour, M. (2011) . A capillary force model for interactions between two spheres. Particuology, 9, 381-386.

Peleg, M. (1977) . Flowability of food powders and methods for its evaluation — A review. Journal of Food Process Engineering, 1 (4) , 303-328.

Petean, P. G. C. , & Aguiar, M. L. (2015) . Determining the adhesion force between particles and rough surfaces. Powder Technology, 274, 67-76. Available at: https://doi. org/10. 1016/j. powtec. 2014. 12. 047.

Pietsch, W. (2003) . An interdisciplinary approach to size enlargement by agglomeration. Powder Technology, 130, 8-13.

Prasad, L. K. , McGinity, J. W. , & Williams, R. O. (2016) . Electrostatic powder coating: Principles and pharmaceutical applications. International Journal of Pharmaceutics, 505 (1-2) , 289-302. Available at: https://linkinghub. elsevier. com/retrieve/pii/S037851731630299X.

Rabinovich, Y. I. , Esayanur, M. S. , & Moudgil, B. M. (2005) . Capillary forces between two spheres with a fixed volume liquid bridge: Theory and experiment. Langmuir, 21, 10992-10997.

Riaz, M. N. (2015) . Snack foods: rocessing. In Encyclopedia of food grains (2nd ed.) . San Diego: Elsevier Science.

Ripperger, S. , & Hein, K. (2008) . Measurement of adhesion forces in air with the vibration method. China Particuology, 3 (1) , 3-9.

Rumpf, H. , & Knepper, W. (1962) . The strength of granules and agglomerates. In International symposium on agglomeration (pp. 379-418) . Rugby: Institution of

Chemical Engineers.

Salazar-Banda, G. R. , Felicetti, M. A. , Gonçalves, J. A. S. , Coury, J. R. , & Aguiar, M. L. (2007) . Determination of the adhesion force between particles and a flat surface, using the centrifuge technique. Powder Technology, 173 (2) , 107-117.

Schubert, H. (1987) . Food particle technology. Part I: Properties of particles and particulate food systems. Journal of Food Engineering, 6 (1) , 1-32.

Shukla, N. , & Henthorn, K. H. (2009) . Effect of relative particle size on large particle detachment from a microchannel. Microfluidics and Nanofluidics, 6 (4) , 521-527.

Simons, S. J. R. (2007) . Liquid bridges in granules. In Granulation (Vol. 11) . Amsterdam: Elsevier. (Handbook of Powder Technology) .

Suganya, A. , Shanmugvelayutham, G. , & Hidalgo-Carrillo, J. (2018) . Plasma surface modified polystyrene and grafted with chitosan coating for improving the shelf life-time of postharvest grapes. Plasma Chemistry and Plasma Processing, 38 (5) , 1151-1168. Available at: http: //link. springer. com/10. 1007/s11090-018-9908-0.

Sumawi, H. , & Barringer, S. A. (2005) . Positive vs. negative electrostatic coating using food powders. Journal of Electrostatics, 63, 815-821.

Takeuchi, M. (2006) . Adhesion forces of charged particles. Chemical Engineering Science, 61, 2279-2289.

Teunou, E. , Fitzpatrick, J. J. , & Synnott, E. C. (1999) . Characterization of food powder flowability. Journal of Food Engineering, 39 (1) , 31-37.

Vahdat, A. S. , Azizi, S. , & Cetinkaya, C. (2013) . Nonlinear dynamics of adhesive micro-spherical particles on vibrating substrates. Journal of Adhesion Science and Technology, 27 (15) , 1712-1726.

Wang, J. P. , Gallo, E. , François, B. , Gabrieli, F. , & Lambert, P. (2017) . Capillary force and rupture of funicular liquid bridges between three spherical bodies. Powder Technology, 305, 89-98.

Wanka, S. , Kappl, M. , Wolkenhauer, M. , & Butt, H. (2013) . Measuring adhesion forces in powder collectives by inertial detachment. Langmuir, 29, 16075-16083.

Wong, D. C. Y. , Adams, M. J. , Seville, J. P. K. , & Fryer, P. J. (2005) . A computational model of flavour deposition onto food surfaces. Food and Bioproducts Processing, 83, 99-106.

Yousuf, S. , & Barringer, S. A. (2007) . Modeling nonelectrostatic and electrostatic powder coating. Journal of Food Engineering, 83, 550-561.

Zafar, U. , Hare, C. , Hassanpour, A. , & Ghadiri, M. (2014) . Drop test: A new method to measure the particle adhesion force. Powder Technology, 264, 236 – 241. https: //doi. org/10. 1016/j. powtec. 2014. 04. 022.

第4章　食品粉末的结块行为

J. J. Fitzpatrick
爱尔兰，科克郡，科克大学工程学院工艺与化学工程系
e-mail：j. ftzpatrick@ ucc. ie

4.1　前言

　　粉末结块的机制很多，包括范德瓦耳斯力、静电吸引力、液体桥接力和固体桥联力（Zafar et al.，2017）。范德瓦耳斯力是由粉末表面上的感应偶极引起的，形成的结块强度取决于粉末的压实程度。当高度压缩时，例如压片，结块可以变得非常坚固。食物粉末中的液体桥接通常与存在于粉末颗粒间隙中的液体有关，可产生将颗粒固定在一起的毛细作用力。液体桥接可能会弱化结块和成团，而固体桥接的形成则会导致结块非常结实。食品粉末中固体桥接的形成通常是由于粉末暴露在一个相对湿度循环中或由于烧结桥形成过程中含有大量非晶态的成分。

　　湿度循环是将水溶性粉末首先暴露在相对湿度高的环境下，然后再暴露于相对湿度低的环境中。在高湿度条件下，含有可溶性固体的颗粒之间会形成水桥。在随后的低湿度暴露期间，水蒸发留下固体，进而在颗粒之间形成固体桥。对于水溶性结晶粉末，当暴露在大于其潮解相对湿度条件下时，该粉末将吸收大量的水，从而形成含有溶解固体的水桥。将粉末暴露在低于其风化相对湿度的较低相对湿度条件下会触发固体桥的形成（Carpin et al.，2016），在该相对湿度下，足够的水蒸发产生过饱和溶液，从而能够结晶并产生固体桥。

　　食品粉末中烧结桥的形成通常是由于存在非晶体碳水化合物，如糖和短链糖聚合物。如果将粉末温度升高至其玻璃化转变温度（Glass Transition Temperature，T_g）或更高，或者如果将 T_g 降低至粉末温度或更低，则这些无定形成分可能会变黏（Aguilera et al.，1995；Descamps et al.，2013）。在粉末温度等于或高于 T_g 时，粉末会产生黏性，从而引起胶黏和结块。粉末颗粒可能通过相互流入而形成烧结桥，从而产生坚硬的结块（Palzer，2005）。水的吸附会导致 T_g 降低，因此，水分含量对 T_g 影响很大。如果无定形粉末吸收水分使 T_g 降至其温度以下，则它可能发黏并形成烧结桥，导致结块坚固。因此，无定形食品粉末的结块在很大程度上取决于周围空气的相对湿度和温度。

　　有许多不同的技术可测量结块强度，包括剪切试验技术（Descamps et al.，

2013)、单轴压缩试验（Weigl et al., 2006）、从结块状粉末中挤出堵塞物的力-位移试验（Fitzpatrick, 2008, 2010）、渗透测试（Chen et al., 2017）、粉末流变仪（ChávezMontes et al., 2011）和冲击测试仪（Paterson et al., 2005）。Zafar 等人（2017）在其关于粉末结块的文章中很好地总结了各种测量粉末结块强度的技术。可视化技术也可用于探索结块机理，例如使用光学显微镜和电子显微镜（Feeney 和 Fitzpatrick, 2011）。通过可视化评价散装粉末，可以鉴定结块物理特性的变化，例如结块过程中的硬度、湿度和粉末收缩。可视化技术也可与结块强度测试进行技术组合，相互补充，使研究结果更全面。Descamps et al（2007）的研究表明，当粉末暴露于 76% 的相对湿度时（25℃），麦芽糖糊精 DE 21 形成了非常坚固的结块，这导致其 T_g 降低到粉末温度以下。他们使用光学显微镜提供了两个接触的麦芽糖糊精颗粒长时间处于相同条件下的照片，这些照片表明，粉末颗粒从其玻璃态转变为黏弹状态，导致两个颗粒融合，从而在颗粒之间形成了烧结桥，进而形成了非常坚固的结块。Saragoni 等（2007）应用视频显微镜连续监测单个咖啡粉颗粒的投影面积随时间的变化，他们根据投影面积的变化定义了一个结块指数，并将其用作预测无定形颗粒结块趋势的第一近似值。

在本章中，粉末结块的特征可以通过使用力-位移测试仪来测量结块强度，测量粉末水分含量以及观察粉末和两个接触颗粒的情况来确定，并对散装粉末和两种接触颗粒进行可视化分析，这是基于作者所做的工作。4.2 节描述了用到的技术，4.3 节提供了应用这些技术来表征无定形麦芽糊精和结晶 NaCl 粉末，以及麦芽糊精与 NaCl 或辣椒粉的二元混合物湿度黏结的实例。

4.2 表征结块行为的物理和视觉技术

本节介绍了作者用以表征食品粉末结块行为的物理和视觉技术。

4.2.1 物理技术
4.2.1.1 力-位移结块强度测试仪

Fitzpatrick 等（2008）和 Fitzpatrick 等（2010）描述了一种用于定量测量粉末结块强度指标的经验测试仪，是将一团粉末放入圆柱形的铝制皿中，该皿的中心正好有一个圆孔，如图 4.1（a）所示。首先在皿的底部粘贴一层铝箔来覆盖孔，以防止粉末从孔中掉落，使用整平机将粉末散布在整个皿上，以产生固定厚度为 7 mm 的均匀粉末层，然后将皿中的粉末暴露在恒定的相对湿度下，使用饱和 LiCl 和 NaCl 溶液分别获得 11% 和 76% 的恒定相对湿度，使用纯水获得 100% 的相对湿度。

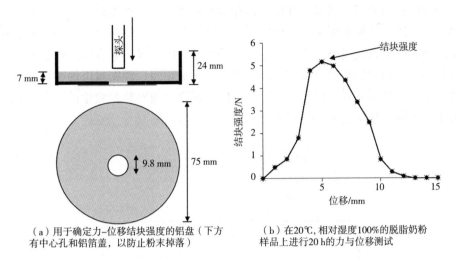

（a）用于确定力–位移结块强度的铝盘（下方
有中心孔和铝箔盖，以防止粉末掉落）

（b）在20℃，相对湿度100%的脱脂奶粉
样品上进行20 h的力与位移测试

图 4.1

暴露指定的时间后，将铝箔从铝皿下方取出，并将铝皿置于与质构仪（Texture Analyser，TA）（HDplus）连接的探头下方的中央，直径为 5 mm 的探头首先向下移动到粉末表面顶部的上方，然后将探头以 30 mm/min 的恒定速度向下移动穿过粉末，并在探头穿过结块时使用 TA 质构仪测量力与位移的关系。当探头接触结块表面时，力增加到最大，然后随着探头继续推动粉末结块穿过盘中心的孔，力逐渐减小，测得的峰值力定义为结块的强度，如图 4.1（b）所示。当测得的强度小于 1 N，则认为粉末是未结块的，只是刚好具有足够的强度以穿越盘底部的孔。

4.2.1.2　水分含量测定

在进行结块强度测试后，对初始粉末和从铝皿中取出的粉末样品进行水分含量测定，可通过准确称量在 104℃ 的烘箱中干燥 24 h 前后的粉末样品的质量来实现。

4.2.2　视觉技术

4.2.2.1　散体粉末的可视化

当粉末暴露于可能导致其结块的条件下时，可使用数码相机实时拍摄铝盘中散装粉末样品的照片，这有助于从视觉上评价由于结块引起的粉末变化，例如湿润和收缩，一些专业词汇（例如软结块、硬结块、黏结块和湿结块）可用于评价粉末结块的质地。

4.2.2.2　两个颗粒接触的可视化

Feeney 和 Fitzpatrick（2011）描述了一种数码光学显微镜（Bresser LCD Micro

40X-1600X）的应用，当暴露在给定的相对湿度和温度条件下时，该显微镜能够拍摄两个相互接触的粉末颗粒的数码照片，如图4.2所示。将两个粉末颗粒放置在透明皮氏培养皿中彼此接触，为了产生所需的相对湿度，将一个装有饱和盐溶液（或纯水）的小开口塑料皿也放在皮氏培养皿中，然后用封口膜密封以保持恒定的相对湿度。使用显微镜实时拍摄颗粒的照片，以从视觉上观察颗粒发生的任何变化，例如吸水和溶解，颗粒变形和烧结桥的形成。

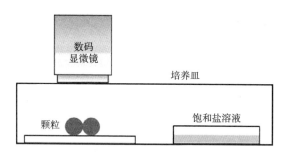

图4.2 使用数字显微镜目测评估两类颗粒接触的结块行为

4.3 应用物理和视觉技术评估食品粉末结块行为的示例

本节提供了使用4.2节中介绍的技术表征粉末结块的许多示例，这些示例展示了作者进行的工作（Fitzpatrick et al.，2010；Fitzpatrick et al.，2017），以及获得的一些主要结果，侧重于单个食品粉末和食品粉末二元混合物的湿度结块。

4.3.1 NaCl和麦芽糊精DE21的湿度结块

图4.3（a）展示了NaCl粉末在76%和100%相对湿度（Relative Humidity，RH）下保持7天（25℃）后的结块强度和含水量。在76%RH的条件下，NaCl粉末在7天的暴露时间内没有结块，强度小于1 N甚至更低。NaCl粉末几乎不吸收水分，其水分含量从0.1%增至0.7%。两个颗粒接触的照片［图4.3（b）］显示，颗粒在60 min的暴露时间内没有改变其形状。在长达7天的暴露时间后，颗粒形状也没有改变，但是在颗粒之间的接触点观察到少量的液体桥。在100%RH的条件下，NaCl粉末逐渐吸收水分，在第7天时水分含量接近15%。由于初始吸水作用，结块强度在第3天增加到约2.5 N，然后由于水含量的逐渐增加而下降到约1 N。在100%RH下吸水的原因仅是NaCl粉末暴露于大于其潮解相对湿度的环境中（对于NaCl约为76%），如果将水溶性晶体（如NaCl）暴露在高于潮解相对湿度的环境

中，它将开始从周围大气中吸收水分，并最终随着时间的推移而溶解在吸收的水分中（Hartmann et al.，2011）。两个颗粒接触的照片很好地展示了这一点（图 4.3b），其中两个颗粒吸收了大量的水，并最终在 60 min 的暴露时间内溶解。

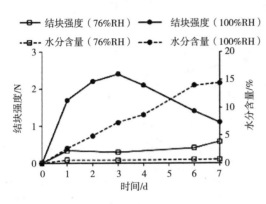
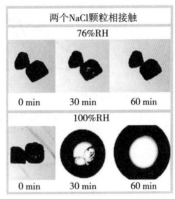

（a）7天（25℃）内结块强度和水分含量的变化　（b）两个接触的颗粒随时间变化的照片（120℃）

图 4.3　在 76% 和 100%RH 下 NaCl 的湿度结块

　　将麦芽糊精粉于7%和100%RH（25℃）下暴露7d，对结块强度和含水量的影响如图4.4（a）所示。随着时间的推移，粉末会缓慢地吸水。在相对湿度为76%的情况下，暴露1天后该粉末未结块，但在第4天时结块强度显著增加至约175 N。在暴露7天后，该粉末在视觉上从粉末转变为坚硬的光滑大理石状材料[图4.4（b）]并出现明显收缩，这种结块现象是由于吸水导致 T_g 降低产生烧结桥引起的。喷雾干燥的麦芽糊精 DE21 是无定形材料，当湿基水分含量为10.7%时，其起始 T_g 为25℃。在暴露两天后，麦芽糊精的水分含量约为11%，因此粉末的温度高于其玻璃化转变温度。图4.4（c）显示了将2个麦芽糊精颗粒暴露在76% RH（20℃）环境条件下的效果，结果表明随着时间的延长，麦芽糊精颗粒之间形成了烧结桥。在 240 min 的接触时间内，颗粒已完全相互融合，形成圆形。在这个阶段，颗粒已经从玻璃态材料转变成更像液态的材料。如图4.4（a）所示，在更高的相对湿度（100%RH）下，麦芽糊精粉会更快地吸收更多的水，从而更快地结块。但是，其吸水作用导致第3天的结块强度大幅降低至20 N，随后持续降低，到第五天结块强度低至2 N，这是因为结块从坚硬的固体转变为更具黏弹性的材料。两个接触的麦芽糊精颗粒[图4.4（c）]在76%和100%RH的条件下显示出相似的性能，除了在100%RH时颗粒变形发生得更快。

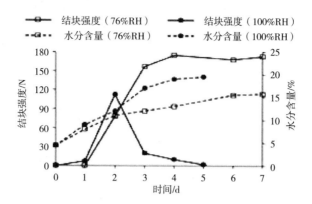

（a）7天（25℃）内结块强度和水分含量的变化

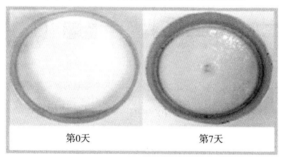

（b）在76%RH下暴露0和7天，铝盘中粉末的照片

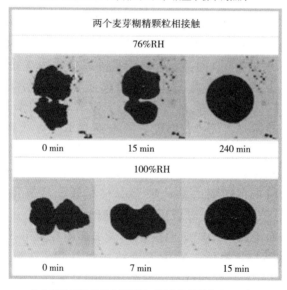

（c）两个接触的粉末颗粒随时间变化的照片（20℃）

图4.4 麦芽糖糊精粉在76%和100%相对湿度下的湿度结块

4.3.2　湿度循环对 NaCl 和麦芽糊精 DE21 结块的影响

将 NaCl 和麦芽糊精粉进行湿度循环，该循环是在高相对湿度（NaCl 为 100% RH，麦芽糊精为 76%RH）下暴露 2d，然后将其在 11% 的低相对湿度下暴露 2 d，最后将粉末暴露于其初始的高相对湿度下 2d。湿度循环对 NaCl 粉末的水分含量和结块强度的影响如图 4.5（a）所示。这显示了水溶性晶体材料的显著特征，粉末在高湿度环境下吸水，导致水桥和表面溶解到这些桥中，在低湿度环境下干燥形成固体桥。在暴露于 100%RH 条件时的前两天中，NaCl 粉末的水分含量增加到约 4%。NaCl 确实产生了结块，但结块强度非常弱，在 1~3 N 之间。当暴露于 11%RH 条件下时，水分含量迅速下降，暴露两天后降至约 0.25%。水的蒸发使结块的强度大大增加，第二天增加到 24 N，这是由于溶解的 NaCl 在晶体间的液体桥中发生重结晶而形成固体桥。当结块再次暴露于高相对湿度时，结块再次吸收水分，在 NaCl 晶体之间形成液体桥而使晶体桥溶解，从而使结块强度降低到约 1 N。

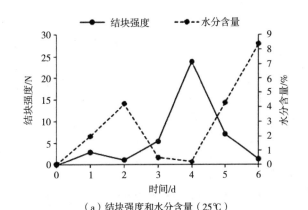

（a）结块强度和水分含量（25℃）

（b）两个接触的颗粒（16℃）的照片

图 4.5　湿度循环对 NaCl 结块的影响
（湿度循环包括首先 100%RH，然后 11%RH，最后 100%RH）

图 4.5（b）展示了将两个 NaCl 颗粒暴露在湿度循环中的情况，正如所观察到的［图 4.3（b）］，当暴露于 100%RH 时，颗粒很容易吸收水分，并形成了液桥。

在低湿度暴露期间，水被蒸发，颗粒之间出现了一个固体桥，如图 4.5（b）所示，固桥体可以通过探针进行检测。如图 4.3（b）所示，当重新暴露于高相对湿度时，液体桥重新形成，颗粒最终溶解。

湿度循环对麦芽糊精的水分含量和结块强度的影响如图 4.6（a）所示，在 76%RH 条件下暴露两天后，麦芽糊精的水分含量和结块强度分别提高到 11.5% 和 78 N。在 11%RH 的低相对湿度环境中，麦芽糊精的水分含量和结块强度均呈下降趋势。暴露 2 天后，水分含量下降到 7%。如前所述，麦芽糊精粉末在水分含量为 10.7% 时，T_g 为 25℃，因此烧结桥处于玻璃态。最初，人们预计玻璃态烧结桥的存在会使结块更坚固，但结块实则较弱，如图 4.6（b）所示。随着水分的流失和玻璃态形成，结块变得更脆，失去韧性并容易破裂，导致结块强度降低。但是，应当注意的是，尽管结块强度低至 13 N，但它仍具有一定的强度。将麦芽糊精粉再暴露于 76%RH 会使结块强度和含水量均增加，在 76%RH 下再次暴露 2 天后，水分含量高到足以使玻璃化转变温度降至 25℃ 以下。由于烧结桥不再是玻璃态，因此结块强度增加到 100 N 左右。

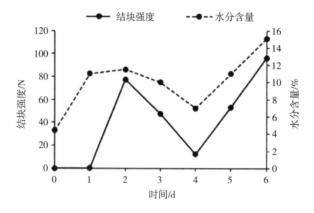

（a）结块强度和水分含量（25℃）

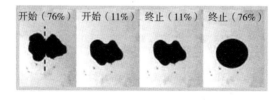

（b）两个颗粒接触的（16℃）的照片

图 4.6　湿度循环对麦芽糊精结块的影响
（湿度循环包括首先 76%RH，然后 11%RH，最后 76%RH）

在图 4.6（b）中展示了将两个麦芽糊精颗粒暴露于湿度循环中的情况，在暴露于高湿度（76%RH）的过程中，颗粒易于改变形状，流动并在颗粒之间形成桥连。在低湿度暴露结束时，桥的大小以及颗粒的大小和形状与低湿度暴露开始时的相似，这表明高湿暴露期间在颗粒之间建立的桥是烧结桥而不是水桥。当再暴露于高湿度环境中，颗粒由于其具有的黏弹特性而相互吸附、相互渗透。

4.3.3　含有麦芽糊精 DE21 的二元混合物的湿度结块

配制由麦芽糊精 DE21 与辣椒粉末或 NaCl 组成的二元粉末混合物，麦芽糊精（Maltodextrin，MD）的占比有 40% 和 80% 两种。将混合物暴露于 76% RH 的环境中，定期测量结块的强度和水分含量，同时目测其体积。此外，还对接触的两个颗粒进行了互补视觉评价。

4.3.3.1　MD/辣椒粉混合物

图 4.7 显示了辣椒粉在 76% RH 条件下暴露 28 d 内的结块强度和水分含量，辣椒粉容易吸水，其水分含量从约 10% 增加到约 19%。结块强度非常低，仅达到约 0.2 N，这意味着辣椒粉在暴露 28 d 后基本上保持未结块状态。

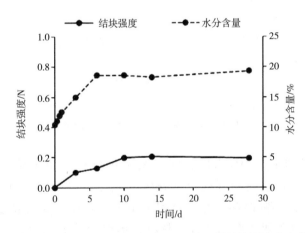

图 4.7　暴露于 76% RH（20℃）条件下 28 d 对辣椒粉结块强度和水分含量的影响

暴露时间对 MD/辣椒粉混合物和个体粉末结块强度的影响如图 4.8（a）所示，对于 40%MD 的混合物，其结块强度要比 100%MD 的结块强度弱很多，暴露 28 d 时其结块强度仅为 2 N。这很可能是由于混合物中的 MD 不足以引起足够的烧结桥，特别是在 MD 颗粒之间。80%MD 混合物形成了更坚固的结块，在前 10 d 逐渐增加到约 70 N，然后在 14 d 时减少到 30 N，并在 28 d 时保持该值。关于水分含量随时间的变化，图 4.8（b）显示辣椒粉混合物的含水量介于 100% 辣椒粉和 100%MD 之间。

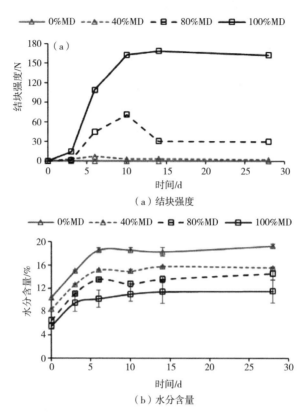

图 4.8　在 76%RH（20℃）条件下 MD /辣椒粉混合物的湿度结块
结块强度（a）和水分（b）随时间的变化

　　图 4.9（a）展示了 MD 占比分别为 40% 和 80% 的 MD/辣椒粉混合物暴露
3 d、10 d 和 28 d 时结块的可视化（76% RH，20℃）结果，两种混合物的质
构性质（和颜色）均随时间变化，特别是 MD 含量为 80% 的混合物。图片表明
粉末逐渐收缩，这很可能是由于 MD 颗粒变形引起的玻璃化转变从而诱导烧结
体桥接。当颗粒暴露于 76%RH（20℃）时，观察了 MD 颗粒和辣椒粉颗粒随
时间的接触情况。如图 4.9（b）所示，MD 颗粒随时间的推移会发生变形而辣
椒粉则没有，并且由于 MD 颗粒流到辣椒粉颗粒上，形成了烧结桥。在其他类
似试验中，也观察到 MD 颗粒变形，但自身却与辣椒粉颗粒分离，没有形成烧
结桥。由此可以预测在散装粉末中可观察到更多的烧结，因为粉末的重量可能
更趋向于将颗粒压在一起。随着散装粉末混合物中 MD 含量从 40% 增加到
80%，因此存在更多的 MD / MD 颗粒接触，从而形成了更多的烧结桥和更牢固
的结块。

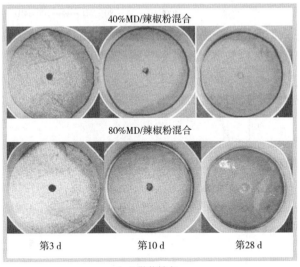

（a）散装粉末

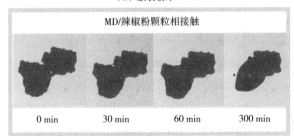

（b）两个接触的颗粒随时间变化的可视化图

图 4.9　MD／辣椒粉混合物在 76%RH（20℃）条件下的湿度结块

4.3.3.2　MD/NaCl 混合物

图 4.10（a）说明了当暴露于 76%RH 时，MD／NaCl 混合物和单个粉末的结块强度的变化。在开始的 3 d 内，混合物和 100%MD 粉末的结块强度有类似的变化，此后混合物结块强度大幅下降。这两种混合物的结块强度在暴露 6 d 后都降到较低水平，约为 0.5 N，在接下来的 28 d 里都保持在 1 N 左右。

含水量的变化如图 4.10（b）所示，单个 MD 粉末的含水量在开始的 3 d 中迅速增加，然后在第 14 d 逐渐增加至大约 11.5%。NaCl 的水含量在整个 28 d 的暴露过程中均非常低，约为 0.7%。MD／NaCl 混合物的含水量随时间不断增加，其中 40%MD 混合物的含水量在暴露 28 d 时接近 100%MD。对于 80%MD 混合物，图 4.10（b）显示其含水量在约 14 d 时超过了 100%MD 混合物，并且在暴露 28 d 时更高。因此，MD／NaCl 混合物的结块性能弱很可能是由其吸湿性引起的。

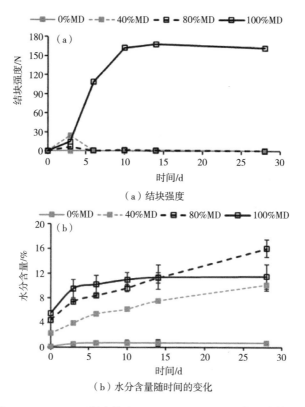

（a）结块强度

（b）水分含量随时间的变化

图 4.10　MD/NaCl 混合物在 76% RH（20℃）下的湿度结块

对大块 MD/NaCl 混合物进行了目测观察，证实了它们结块的强度性能。对于 40% MD/NaCl 混合物，3 d 后观察到一些收缩，形成了柔软的可变形结块。较长的暴露时间后，结块变湿且变黏，但很容易破碎。如图 4.11（a）所示，3 d 后 80% 的混合物与 40%MD/NaCl 的混合物相似，有明显的收缩，但在 28 d 后产生明显的差异，块状物发亮，容易变形，潮湿并开始流动，结块强度非强弱。

图 4.11（b）显示了 MD 和 NaCl 颗粒在 76% RH 条件下接触的照片，MD 颗粒很容易变形［图 4.4（b）］，由于 MD 流到 NaCl 颗粒上，形成了烧结桥，这可以解释前 3 d 结块强度的变化。如图 4.11（b）所示，随着时间的推移，MD 持续流动，NaCl 颗粒似乎逐渐溶解，这可能是由潮解下降现象引起的，特别是 NaCl 的潮解相对湿度降低。Salameh 等（2006）研究表明，当两种化学性质不同的潮解性食品粉末成分（例如在粉末混合物中）接触时，会降低潮解性。即使暴露 RH 小于每种单独粉末的潮解 RH，也可能导致混合物吸收大量水分。对于 NaCl，其潮解 RH 约为 76%，与暴露 RH 相同。与 MD 接触可能会降低其潮解 RH，导致 MD／NaCl

混合物随时间不断吸水 ［图 4.10 （b）］，形成湿软结块。

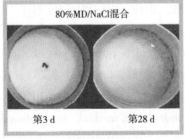

（a）散装粉末

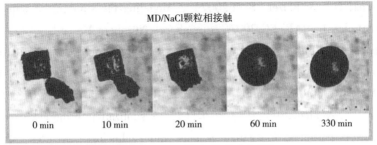

（b）两个接触的颗粒随时间变化的照片

图 4.11　在 76%RH （20℃）下 MD / NaCl 混合物的潮湿结块的可视化图

4.4　结论

物理和可视化技术联合应用于评价食品粉末在潮湿条件下的结块行为。物理技术包括结块强度和水分含量的测量，可以定量评价结块行为。可视化技术包括观察散装粉末的结块行为（识别粉末的收缩和结块物理特性的变化），以及使用显微镜从视觉上评估两个接触颗粒的吸水和溶解、颗粒变形和烧结桥的形成。这些技术的结合相辅相成，并可以更好地描述和理解食品粉末的结块性能。

参考资料

Aguilera, J. M., Valle, J. M., & Ka, M. （1995）. Caking phenomena in amorphous food powders. Trends in Food Science & Technology, 6, 149-155.

Carpin, M., Bertelsen, H., Bech, J. K., Jeantet, R., Risbo, J., & Schuck, P. (2016). Caking of lactose: A critical review. Trends in Food Science & Technology, 53, 1-12. https://doi.org/10.1016/j.tifs.2016.04.002.

Chávez Montes, E., Ardila Santamaría, N., Gumy, J.-C., & Marchal, P. (2011). Moisture-induced caking of beverage powders. Journal of the Science of Food and Agriculture, 91 (14), 2582-2586. https://doi.org/10.1002/jsfa.4496.

Chen, Q., Zafar, U., Ghadiri, M., & Bi, J. (2017). Assessment of surface caking of powders using the ball indentation method. International Journal of Pharmaceutics, 521 (1-2), 61-68. https://doi.org/10.1016/j.ijpharm.2017.02.033.

Descamps, N., & Palzer, S. (2007). Modeling the sintering of water soluble amorphous particles. In PARTEC 2007. Nuremberg: Nürnberg Messe.

Descamps, N., Palzer, S., Roos, Y. H., & Fitzpatrick, J. J. (2013). Glass transi tion and fowability/caking behaviour of maltodextrin DE 21. Journal of Food Engineering, 119 (4), 809-813. https://doi.org/10.1016/j.jfoodeng.2013.06.045.

Feeney, J., & Fitzpatrick, J. J. (2011). Visualization of the caking behavior between two powder particles. Particulate Science and Technology, 29 (5), 397-406. https://doi.org/10.1080/02726 351.2010.503324.

Fitzpatrick, J. J., O'Callaghan, E., & O'Flynn, J. (2008). Application of a novel cake strength tester for investigating caking of skim milk powder. Food and Bioproducts Processing, 86 (3), 198-203. https://doi.org/10.1016/j.fbp.2007.10.009.

Fitzpatrick, J. J., Descamps, N., O'Meara, K., Jones, C., Walsh, D., & Spitere, M. (2010). Comparing the caking behaviours of skim milk powder, amorphous maltodextrin and crystalline common salt. Powder Technology, 204 (1), 131-137. https://doi.org/10.1016/j.powtec.2010.07.029.

Fitzpatrick, J. J., O'Connor, J., Cudmore, M., & Dos Santos, D. (2017). Caking behaviour of food powder binary mixes containing sticky and non-sticky powders. Journal of Food Engineering, 204, 73-79. https://doi.org/10.1016/j.jfoodeng.2017.02.021.

Hartmann, M., & Palzer, S. (2011). Caking of amorphous powders — material aspects, modelling and applications. Powder Technology, 206 (1-2), 112-121. https://doi.org/10.1016/j.powtec.2010.04.014.

Palzer, S. (2005). The effect of glass transition on the desired and undesired agglomeration of amorphous food powders. Chemical Engineering Science, 60 (14), 3959-3968. https://doi.org/10.1016/j.ces.2005.02.015.

Paterson, A. H. J. , Brooks, G. F. , Bronlund, J. E. , & Foster, K. D. (2005) . Development of sticki ness in amorphous lactose at constant $T-Tg$ levels. International Dairy Journal, 15 (5), 513-519. https: //doi. org/10. 1016/j. idairyj. 2004. 08. 012.

Salameh, A. K. , Mauer, L. J. , & Taylor, L. S. (2006) . Deliquescence Lowering in Food Ingredient Mixtures. Journal of Food Science, 71 (1), E10-E16. https: //doi. org/10. 1016/j. foodchem. 2006. 11. 029.

Saragoni, P. , Aguilera, J. M. , & Bouchon, P. (2007) . Changesin particles of coffee powder and extensions to caking. Food Chemistry, 104 (1), 122-126. https: //doi. org/10. 1016/j. foodchem. 2006. 11. 029.

Weigl, B. , Pengiran, Y. , Feise, H. J. , Röck, M. , & Janssen, R. (2006) . Comparative testing of powder caking. Chemical Engineering & Technology, 29 (6), 686-690. https: //doi. org/10. 1002/ ceat. 200600083.

Zafar, U. , Vivacqua, V. , Calvert, G. , Ghadiri, M. , &Cleaver, J. A. S. (2017) . A review of bulk powder caking. Powder Technology, 313, 389-401.

第5章　食品粉末的复水性

J. J. Fitzpatrick
爱尔兰，科克郡，科克大学工程学院工艺与化学工程系
e-mail：j. ftzpatrick@ucc. ie

J. Ji
中国，北京，中国农业大学，食品科学与营养工程学院
e-mail：junfu. ji@cau. edu. cn

S. Miao
爱尔兰，科克郡，爱尔兰农业部 Teagasc 国家食品研究中心
e-mail：Song. Miao@teagasc. ie

5.1　前言

　　大多数食品粉末在最终使用前会进行复水（Schubert，1993），因此复水性是粉末的一种基本功能，工业用户和家庭消费者不需要解决复水问题。而食品粉末可能自身就具有不同的复水能力（Barbosa-Canovas et al. ，2005），因此表征它们的复水特性是很重要的。

　　粉末复水通常分为若干步骤，包括润湿、沉降、分散、溶胀、崩解和增溶或溶解（Freudig et al. ，1999；Goalard et al. ，2006；Forny et al. ，2011；Mitchell et al. ，2015）。润湿是指粉末和水之间的初步接触，水分渗透到粉末颗粒之间的空隙中并润湿它们的表面。沉降是指粉末浸没在水面以下或浸入大量水中。分散是指湿粉末颗粒在大量水中的运输，这可能包括结块分解变成它们的初级粉末颗粒。溶解是指粉末溶解产生溶液，当水渗入粉末颗粒时，粉末颗粒可能溶胀并导致它们体积膨胀。这些步骤可能在一段时间内同时发生，例如粉末颗粒在分散时溶解，因此，很难独立测量和研究这些步骤。在搅拌系统中，复水过程可以分为润湿和溶解两个关键步骤。

　　据报道，有许多实验方法可用于评价粉末的复水特性。对于润湿，这些方法包括国际乳品联合会标准方法的测量润湿时间（Anon，1979）、动态接触角测量（Dupas et al. ，2013）、Washburn 法（Washburn，1921）和浊度法（Gaiani et al. ，2009）。对于溶解能力，包括在特定的搅拌系统中测量粒度、溶解固体和浊度随时间的变化（Gaiani et al.，2007；Mimouni et al.，2009）。Mitchell 等（2015）描述了一种限速状态映射方法，该方法描述了在特定的搅拌和水温条件下，限制搅拌容器中整体复水的特定方法，这可能是由漂浮在水面、沉淀在容器底部、形成粉末结块或溶解缓慢残留并分散在水中的粉末颗粒所致。Fitzpatrick 等（2019）通过定量测量漂浮、结块、沉降、分散和溶解的粉末比例，扩展了这种方法。

本章的目的是描述各种可用于表征食品粉末的复水行为检测方法，特别是表征粉末在搅拌容器中的润湿性，溶解能力和复水特性。同时也通过一些案例讲述这些方法的应用，尤其是在评价食品粉末复水性，以及多种因素对复水性的影响机制方面。

5.2 粉末润湿性

5.2.1 润湿时间和润湿率

粉末润湿时间常用于表征粉末的润湿性，Fitzpatrick 等（2016）基于国际乳品联合会（Anon，1979）的方法描述了这种测试方法，该方法将 10 g 粉末倒入装在规定内径玻璃烧杯中的 150 g 水（在已知温度下）的表面上，测量粉末浸入水面以下或完全浸湿所需的时间，这个时间称为润湿时间。润湿时间小于 1 min 为易湿粉，润湿时间大于 20 min 为难湿粉，润湿时间在 1~20 min 之间为中度湿粉。

有些粉末可能会非常缓慢地润湿或在 60 min 内不能完全润湿，Fitzpatrick 等（2016）提出了对该方法的扩展，用以评价这些非常难湿润粉末的润湿性，包括在 1 min、20 min 和 60 min 后测量水面上未湿润的粉末的数量。用勺子小心地将粉从水面上移走，然后烘干水分并称重，以计算未湿润的粉末量。润湿率（%）由公式（5.1）计算。

$$润湿率(\%) = \frac{粉末润湿质量}{初始粉末质量} \times 100 \qquad (5.1)$$

该方法适用于测量润湿时间在 1~60 min 之间的粉末的润湿率。

5.2.2 接触角

通常使用固定液滴技术测量接触角来进行评价润湿性（Crowley et al.，2015；Ji 等，2016）。光学表面张力仪 [如百欧林科技有限公司（Biolin Scientifc Ltd.），埃斯波，芬兰] 用于测量接触角，通过将去离子水的微滴沉积在粉末的表面，拍摄液滴随时间变化的视频或动态系列图像，从这些图像可以计算随时间变化的接触角。在测量之前，可以先将粉末压实成片剂，给测量提供一个刚性表面，可允许很少或不允许水滴渗透到粉末中，这适合于研究粉末表面化学或组成对粉末润湿性的影响。必须注意的是，压缩不会导致任何脂质的暴露，因此表面更疏水。接触角大于 90° 时，表明粉末润湿性较差。

除表面化学外，粉末的润湿性还受到粉末颗粒间空隙的影响，这也是结块的粉末往往比非结块的粉末有更好的润湿性的原因。将粉末压实成片剂可消除空隙的影响，制作片剂可能是不可取的方法。相反，可以将粉末装入铝盘中，并使用平整器（或矫平机）压成光滑的表面，然后将微滴沉积在该表面上。在这种情况下，液滴可能会迅速变化，因为它可能会渗入粉末块中，因此接触角及其随时间的变化非常重要。Ji 等（2016）利用这一方法研究了结块对高蛋白乳粉润湿性的影响。

5.2.3　Washburn 方法

Washburn 方法的基础是毛细管上升润湿现象，或将粉末床放置在液体表面上方的管中，液体向上渗透到填充粉末床中粉末颗粒间的空隙空间的能力，它通常记录液体在毛细管内的渗透深度与时间的函数关系（Washburn，1921）。但是，也可以应用其他测量方法，Ji 等（2016）描述了一种方法，将固定质量的粉末添加到一个底部开口的圆柱形玻璃管中，底部覆盖着滤纸和纱布，以防止粉末脱落，将玻璃管放置在特定温度的水面上方。在 10 min 内，由于水的渗透，通过测定润湿粉末增加的质量来定量测定粉末润湿性。

5.2.4　粉末/水界面的膜强度

粉末/水界面形成的薄膜或表面可以阻碍一些粉末的润湿，此外，这可能导致结块形成，即表面是粘滑的薄膜，内部是干粉。这些表面或薄膜很难破坏，从而可以抑制干粉的润湿。基于这些薄膜的形成产生了润湿差，可通过测量薄膜强度来表征粉末的润湿性。

Fitzpatrick 等（2017）开展了初步研究，提出了一种通过经验测量粉末/水界面形成的薄膜强度指数的方法，该指数可以作为粉末与薄膜形成相关的润湿性差的敏感性指标。这种方法应用力−位移测试来测量在粉末/水界面形成的薄膜强度，把一定体积的水倒入玻璃容器中，然后将特定体积的粉末沉积在水面上以产生规定厚度的粉末层。如图 5.1（a）所示，活塞以恒定速度轴向穿过粉末层的中心，并测量力与位移的关系。当没有粉末存在时，力−位移剖面为一条直线。具有可测量的薄膜强度的粉末显示一个明显的峰值，这与图 5.1（b）中所示的峰值类似，这是活塞穿透薄膜所需的峰值力，并用作薄膜强度的指标。可忽略的薄膜强度的粉末没有显示可识别的峰值，并且与活塞在水中运动的线性行为相似。在粉末层与水接触一定时间后再进行测量。

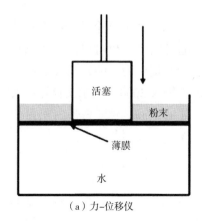
（a）力-位移仪

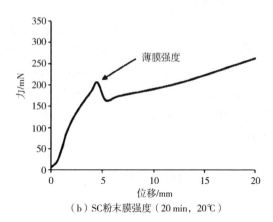
（b）SC粉末膜强度（20 min，20℃）

图 5.1　粉末/水界面粉末膜强度

5.3　溶解能力

5.3.1　溶解率

Fitzpatrick 等（2016）描述了一种测量粉末溶解率随时间变化的方法。在规定的温度下，将 150 g 水放入一个装有搅拌器的玻璃烧杯中，例如六叶涡轮叶轮。为了便于粉末的快速润湿，需要选择可以产生强烈旋涡的操作速度。将 10 g 粉末倒入旋涡中，在指定的混合时间（1 min，5 min 和 60 min）后，从烧杯的固定位置移取 5 mL 样品，将样品放到 10 mL 的试管中，然后放入离心机，沉淀出不溶解的固体。离心完成后，轻轻取出上清液并干燥。所得干燥固体的质量用于测量上清液中的固体浓度，从上清液中计算出溶解在 150 mL 水中的固体质量（M_{dsf}）。用式（5.2）来计算溶解率，评价其溶解能力。

$$溶解率 = 100 \times \frac{M_{dsf}}{M_{dsi}} \tag{5.2}$$

式中，M_{dsi} 为粉末初始质量中干燥固体的质量（g）= 10×（1-W）；W 为以质量分数表示的粉末水分含量。

离心后，若仍有大量颗粒浮在表面，而取上清液必须通过浮在表面的颗粒层，所以很难用移液管吸取。针对这种情况，烧杯中一定体积的混合物首先通过一个小孔径的滤纸过滤，然后使用热烘箱试验测定滤液中的干物质质量。由此，可计算溶解固体的质量，并应用式（5.2）来计算溶解度。

5.3.2　粒度监测

由于粉末颗粒表面的溶解（Fang et al.，2011），溶解过程通常会导致粒度随着时间的推移逐渐减小（颗粒膨胀除外）。因此，粒度随时间的变化可以用于监测食品粉末颗粒的溶解度，特别是那些溶解缓慢的粉末，如酪蛋白为主的粉末（Mimouni et al.，2009）。Ji 等（2016）通过使用马尔文粒度分析仪 3000［马尔文仪器有限公司（Malvern Instruments Ltd），伍斯特郡，英国］可每 2 min 测量高蛋白奶粉的 PSD 值。

5.3.3　离心沉降

在一个合适的离心场内，监测悬浮液可以用于评价和比较粉末的溶解性，基本原理是粉末颗粒会沉降，从而导致悬浮不均匀。LUMiSizer（L. U. M. GmbH，柏林，德国）是一种分析离心机，最初开发并应用于测量乳剂的稳定性。之后通过测量单元中颗粒的离心沉降来评估乳粉的溶解能力（Crowley et al.，2015），首先通过测量在离散时间沿测量单元长度传输的近红外光的强度，然后通过测量透射光轮廓，任何沉积物高度都可以与不稳定性指数一起评价，该指数即为离心沉降量指数。

5.4　搅拌容器中复水行为的定性和定量评价

5.4.1　限速机制映射

Mitchell 等（2015）首次提出了用这种方法来定性评价搅拌容器中食品粉末的复水行为。实验装置包括一个透明的烧杯，在一定的温度下盛满一定体积的水，叶轮位于水面以下的固定位置，粉末进料器用于以特定的速度将给定质量的粉末持续传输到水面上。电导率探头用于跟踪一段时间的溶解行为，相机可用来定性地捕捉粉末随时间的复水行为。在给定的搅拌速度下，在离散时间内对限速的复水过程进行定性评价（如果完全分散或溶解会观察不到）。该评价使用的描述词包括漂浮（如果粉末漂浮在水面上）；结块（如果粉末团块在分散时可见）；沉淀（如果粉末沉淀到烧杯底部）。

5.4.2　粉末漂浮、结块、沉淀、分散、溶解的定量评价

Fitzpatrick 等（2019）对 Mitchell 等（2015）提出的评价方法进行了扩展，结合定量评价，为定性描述提供了更精确的数字表征，通过测量在给定的搅拌速度和时间下的漂浮、结块、沉淀、分散和溶解的粉末质量占初始粉末百分比来实现。

当每个搅拌过程结束时，将搅拌容器（烧杯）中浮在水面上的粉末移走并转移到预先称重的玻璃盘中，然后将剩余的悬浮液通过筛网倒入第二个烧杯，将残留在悬浮液中的块状物质分离开来。筛网孔径的大小可以根据样品来具体确定，筛过的粉末结块被转移到第二个预先称重的玻璃盘中。将第一个烧杯中残留的粉末放入第三个预先称重的玻璃盘中，然后把玻璃盘放在烘箱里烘干。干燥后，分别测定在第一、第二和第三个玻璃盘中漂浮粉末（M_F）、悬浮粉团块（M_{CS}）和沉积粉团（M_S）的干重。分散体中粉末的质量是通过从剩余分散体中取样并将其转移到预称重的玻璃盘中来测量的，玻璃盘在 104℃ 下干燥 24 h，然后计算分散状粉末质量（M_D）。最后，已知体积的分散剂通过小孔过滤器过滤，以估计分散体系中溶解/精细分散物质（M_{Dis}）的质量。

组成干粉质量与初始添加干粉质量（M_I）的关系如方程式（5.3）所示，误差项表示 M_I 与组成干粉质量之间的差异，如果误差为正，这意味着一些最初添加的干粉没有被计入。

$$M_I = M_F + M_{CS} + M_S + M_D + M_{Dis} + 误差 \tag{5.3}$$

5.5　应用表征技术评价食品粉末复水特性的例子

可以应用上述表征技术来对单个粉末的复水特性进行更完整的表征，这些技术可用于研究各种因素如何影响复水特性（如结块、水温和 pH 值），也可用于比较不同粉末的复水行为。下面是对一些不同食品粉末复水特性的例子介绍和比较，其中重点研究了水温和结块对粉末复水特性的影响。

5.5.1　六种食品粉末的复水特性比较

Fitzpatrick 等（2016）应用上述技术评价和比较了 12 种食品粉末在搅拌容器中的润湿性、溶解能力和特性。本节总结了 6 种粉末（糖、咖喱粉、面粉、全脂奶粉、酪蛋白酸钠和分离乳蛋白）的相关指标，这些粉末的粒度、表观密度和组成数据见表 5.1。

表 5.1　6 种食品粉末的粒度、密度及组成

粉末类型	粒度 D（50）/μm	表观密度/（kg·L⁻¹）	干固体成分/%		
			碳水化合物	蛋白质	脂肪
糖	43	1.61	100	0	0
咖喱粉	275	1.34	na	na	na

续表

粉末类型	粒度 D (50) /μm	表观密度/(kg·L⁻¹)	干固体成分/%		
			碳水化合物	蛋白质	脂肪
面粉	85	1.49	87.5	11	1.5
酪蛋白酸钠	90	1.31	1.5	93	1.5
分离乳蛋白	50	0.81	0.6	93	1.7
全脂奶粉	75	0.93	13	9	75

注：na 无相关数据。

5.5.1.1 润湿性

6 种不同食品粉末的润湿时间、润湿率和接触角见表5.2。糖粉、咖喱粉为易润湿粉，润湿时间小于 1 min；酪蛋白酸钠、分离乳蛋白和全脂奶粉为润湿性差的粉末，润湿时间大于 60 min。事实上，它们的润湿率在 60 min 是很低的，如表5.2所示。面粉可视为中等吸湿粉末，润湿时间为 12 min。接触角与润湿时间和润湿率密切相关，糖粉、咖喱粉、面粉粉末的接触角均小于 90°，润湿性较差的粉末接触角均大于 90°。在 10 s 后，润湿性好的粉末无接触角，润湿性差的粉末接触角超过 90°。表面疏水性由表面组成决定，并对接触角有很大影响，因此粉末组成成分对其润湿性有重要影响。

表5.2　6种食品粉末的润湿性

粉末类型	湿润时间	润湿率/%		接触角	
		1 min	60 min	1 s	10 s
糖	2 s	100		0	
咖喱粉	25 s	100		28	
面粉	12 min	33	100	38	21
酪蛋白酸钠	>1 h	20	37	130	129
分离乳蛋白	>1 h	—	18	150	137
全脂奶粉	>1 h	3	5	104	98

糖（蔗糖）几乎立刻就会湿润，这是可以预测的，因为蔗糖是高度亲水的，而且糖晶体的密度更高。咖喱粉的润湿性较好，润湿时间为 25 s，这也受其粒度较大的影响（表5.1）。面粉的润湿时间为 12 min，这可能是由于它比糖和咖喱具有更高的表面疏水性，如接触角数据所示。

全脂奶粉基本没有润湿，这是由于其主要成分脂肪的疏水性及其表观密度低于水。酪蛋白酸钠的润湿性较差，这可能是由于其主要成分为酪蛋白，以及颗粒表面的疏水性，导致其接触角较大。分离乳蛋白粉表现出较差的润湿性，是由于其成分主要为酪蛋白，具有疏水表面，接触角很高。此外其表观密度小于水，粒度也小，为 50 μm，可能导致其在润湿性测试中漂浮而不下沉，因此部分解释了粉末润湿性差的原因。

5.5.1.2 溶解能力

粉末的溶解率见表 5.3，这些粉末表现出不同的溶解特性，大致可分为：

易于溶解：糖像预期的那样很快就溶解了，酪蛋白酸钠也可认为是易溶的，因为 80% 都是易溶的，余下的 20% 随着时间延长也较慢溶解。

含有高不溶性组分：这些粉末含有一定数量的不溶性物质，在离心过程中很容易沉淀。可溶性成分迅速溶解，溶解率在 1 min 内接近恒定值。粉末包括咖喱、面粉和全脂奶粉。咖喱粉中有 32% 的可溶性物质会迅速溶解，而剩下的 68% 基本上是不溶性物质。面粉主要是由植物来源的研磨材料的不溶性微粒组成。全脂奶粉含有 73% 本身不溶于水的脂肪，导致其溶解能力低。

缓慢溶解：部分粉末随时间缓慢溶解，特别是分离乳蛋白，其随着时间会慢慢溶解，1 h 后溶解 44%，最终可完全溶解。此外，搅拌的类型、强度和温度都能加快其溶解速率。

表 5.3　6 种食品粉末的溶解率

粉末类型	溶解率/%					
	糖	咖喱粉	面粉粉末	酪蛋白酸钠	分离乳蛋白	全脂奶粉
1 min	97	31	4	80	23	15
60 min	100	32	589	89	44	20

5.5.1.3 搅拌容器中定性限速状态

表 5.4 列出了糖、咖喱和面粉的限速状态，沉降是这些粉末在低速搅拌（200 r/min 或更低）时的限速状态，咖喱粉在 300 r/min 或更高的速度下溶解较快或分散良好。在 300~500 r/min 的较高速度下，糖在分散过程中会形成一些团块，这很可能是粒度小的缘故。由于粉末颗粒之间的空隙很小，这使得水更难渗透到粉末中。而面粉则呈现出更为复杂的限速状态，它显示高达 300 r/min 的漂浮和沉降。在较低的速度下，漂浮更占优势，但在 100 r/min 时，一些粉末块沉淀到底部，并且随着速度的提高而增加。在 400 r/min 和 500 r/min 的转速下，漂浮消失了，限速状态是由于结块沉降到底部或分散在水中造成的。在 600 r/min 和 700 r/min 时，沉降停止和速率限制是由于悬浮液中较小的团块造成的，粉末只有在最高速度 750 r/min 时才能很好地分散。

表 5.4　易于中度润湿粉末（糖、咖喱粉、面粉）的限速状态

速度/（r·min⁻¹）	糖	咖喱粉	面粉
100	沉降	沉降	漂浮+沉降
200			
300	团块分散		
400			结块+沉降
500		分散良好	
600			小团块分散
700	分散良好		
750			分散良好

表 5.5 是润湿性差的酪蛋白酸钠、分离乳蛋白和全脂奶粉的限速状态，在低转速下基本都是漂浮。在转速为 300 r/min 时，全脂奶粉很少沉降和分散，这是由于其固有的疏水性和其表观密度小于水。在 400 r/min 时更强涡流的出现使更多的粉末和细小的团块变得分散，但仍然有大量的粉末团块在涡流中循环。在高转速下漂浮团块减少，尽管在 750 r/min 时仍然存在一些细小团块。漂浮是分离乳蛋白和酪蛋白酸钠粉末的主要限速状态，这很可能是由于酪蛋白含量高导致的高疏水性（表 5.1），以及分离乳蛋白粉末的低表观密度。分离乳蛋白粉末的表现在某种程度上与全脂奶粉相似，即高转速下分散增加，完全分散只有在最高速度 750 r/min 时才能实现。

表 5.5　湿润性差的粉末（全脂奶粉、酪蛋白酸钠和分离乳蛋白粉末）的限速状态

速度/（r·min⁻¹）	全脂奶粉	酪蛋白酸钠	分离乳蛋白
100	漂浮	漂浮（随着搅动而减少）	漂浮（随着搅动而减少）
200			
300			
400			
500	悬浮（随搅拌而减少）细块分散	大团块分散	
600			
700			
750			分散良好

对于 500 r/min 及更高转速下的酪蛋白酸钠粉末，粉末以团块的形式被较强的涡流淹没在水中，而团块的形成会限制速度，即使在 750 r/min 的最高转速下，仍然存在明显的粉末团块分散现象。团块的表面有一层坚硬的薄层或膜，里面有干

粉，这极大地阻碍了水渗透到团块内的能力，牢固薄膜的存在使团块在搅拌过程中很难被破坏。对酪蛋白酸钠粉末的复水作用进行了定量评价，结果表明虽然结块具有主要的影响作用，但它们只占粉末的一小部分，通常小于5%，而超过90%的粉末能很好地分散。

5.5.2 温度对酪蛋白酸钠和全脂奶粉复水特性的影响

5.5.2.1 搅拌容器内定性和定量评价

各种因素都会影响粉末的复水特性，可以应用限速机制映射进行相关的研究。例如，在20℃和70℃搅拌容器中，应用了映射方法和定量评价来研究温度对酪蛋白酸钠和全脂奶粉复水行为的影响（Fitzpatrick等，2019）。可以直观地观察到，在较低的温度下酪蛋白酸钠粉末具有更好的复水特性。表5.6给出了在650 r/min转速下的定量评价比较，结果表明除了少量浮粉和结块外，粉末分散良好。70℃时，漂浮占主导地位，20 s时悬浮率是81%，而粉末在10 min时分散良好，悬浮液中也没有结块现象。对于全脂奶粉，从定量评估比较中可以看出（表5.6），较高的温度改善了其复水特性，在70℃时，浮动较少，相应地在每个搅拌时间分散性更大。在70℃条件下10 min时分散完全，在20℃条件下相同搅拌时间下，分散率小于50%。

5.5.2.2 粉末/水界面的膜强度

润湿性差的粉末，如酪蛋白酸钠和全脂奶粉，往往表现出漂浮和结块的行为，疏水表面和黏滑的表面或薄膜的形成均可导致漂浮和结块。酪蛋白酸钠粉末在分散过程中存在明显的结块现象，团块因具有较强的表面膜，使其难以破坏。因此，本节评价了酪蛋白酸钠粉末和全脂奶粉形成的薄膜强度，以及温度对其的影响。

Fitzpatrick等（2017）根据经验测定了一些食品粉末在粉末/水界面的薄膜强度，图5.2显示了酪蛋白酸钠和全脂奶粉的膜强度-位移曲线。在接触时间为1 min和20 min时，全脂奶粉的膜强度可以忽略，因此，较强的膜形成并不是影响全脂奶粉润湿性的主要因素。另外，酪蛋白酸钠粉末表现出可测量的膜强度。在20℃时，接触20 min时薄膜强度约为200 mN。将温度提高到70℃对薄膜强度有很大的影响，使其增加到900 mN。这与在限速状态图中观察到的结果一致，表明酪蛋白酸钠粉末在较高的温度下倾向于形成非常强的薄膜。

表5.6 温度对酪蛋白酸钠和全脂奶粉定量限速状态（650 r/min）的影响

干质量/%	酪蛋白酸钠				全脂奶粉			
	20℃		70℃		20℃		70℃	
	20 s	10 min	20 s	10 min	20 s	10 min	20 s	10 min
浮粉	9.4	0.0	81.0	0.0	93.8	67.2	63.3	0.0

续表

干质量/%	酪蛋白酸钠				全脂奶粉			
	20℃		70℃		20℃		70℃	
	20 s	10 min	20 s	10 min	20 s	10 min	20 s	10 min
悬浮粉团块	3.4	2.1	0.0	0.0	0.0	0.0	0.0	0.0
沉降粉团	88.0	96.6	15.3	99.6	5.0	34.0	36.7	98.9
误差	-0.7	1.3	3.7	0.4	1.2	-1.3	0.01	1.1

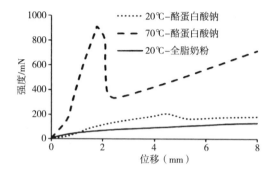

图 5.2　接触 20 min 时温度对酪蛋白酸钠粉末与全脂奶粉膜强度的影响

5.5.3　结块对分离乳蛋白、酪蛋白酸钠和分离乳清蛋白粉体复水特性的影响

Ji 等（2016）研究了流化床结块对包括分离乳蛋白、酪蛋白酸钠和分离乳清蛋白等高蛋白乳粉复水能力的影响。本节使用前面概述的表征方法总结了关键结果，非结块型和结块型粉末的中值粒径见表 5.7。

表 5.7　高蛋白乳粉非结块型和结块型的种植粒径 *D*（50）

D（50）/μm			
类型	分离乳蛋白	分离乳清蛋白	酪蛋白酸钠
非结块型	49	55	85
结块型	188	180	208

5.5.3.1　结块对润湿性的影响

酪蛋白酸钠、分离乳清蛋白和分离乳蛋白粉末均为润湿性较差的粉末，其润湿时间较长（表 5.8）、毛细管上升值较差（图 5.3）和接触角较大（图 5.4）证明了这一点。流化床结块大大提高了分离乳蛋白粉末的润湿性，使润湿时间大大缩短（表 5.8）。图 5.3 中的毛细管上升数据进一步证实了这一点，这说明结块的分离乳蛋白比非结块的粉末吸收更多的水。这表明,水更容易渗透到结块颗粒之间较大的空隙中。此外,结块较低的接触角数据(图 5.4)为分离乳蛋白粉末结块后润湿性得到改善提供了额外的证据。结块对分离乳清蛋白和酪蛋白酸钠粉末的润湿性影响较小,润湿时间保持在 1200 s 以上(表 5.8)。然而,在毛细管上升测试过程中,其吸水量略有增加(图 5.3),接触角较低,如图 5.4 所示的分离乳清蛋白结块。因此,结块确实提高了分离乳清蛋白和酪蛋白酸钠粉末的润湿性,但影响相对较小,不如对分离乳蛋白粉末的影响显著。

表 5.8　非结块型(NA)和结块型(A)高蛋白奶粉润湿时间

类型		分离乳蛋白	分离乳清蛋白	酪蛋白酸钠
润湿时间(s)	非结块型	>1200	>1200	>1200
	结块型	480	>1200	>1200

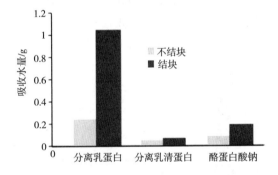

图 5.3　分离乳蛋白、分离乳清蛋白和酪蛋白酸钠粉在 10 min 后
毛细管上升润湿过程中所吸收的水质量及其结块

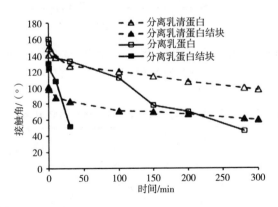

图 5.4　分离乳蛋白和分离乳清蛋白粉末及其结块在非片剂
粉末层上使用固定液滴技术时接触角随时间的变化

虽然结块使水更容易渗透到散装粉末中，但润湿特性仍然取决于粉末的表面性能，这包括疏水性和粉末在粉末/水界面上形成黏滑的表面或薄膜的倾向。在前一节中，我们看到酪蛋白酸钠形成了如此牢固的薄膜。分离乳清蛋白粉末也会形成牢固的薄膜（Ji et al.，2017），这种倾向可能是抑制水渗透到粉体的原因，从而导致结块对提高分离乳清蛋白和酪蛋白酸钠粉末的润湿性效果较差。

5.5.3.2 结块对溶解能力的影响

图 5.5 为溶解过程中未结块和结块的粉末颗粒的中值粒径。非结块的分离乳清蛋白和酪蛋白酸钠粉末迅速溶解到水中（分离乳清蛋白的数据没有显示，因为粉末第一次在 2 min 时测量之前已经溶解）。由于未结块的分离乳清蛋白和酪蛋白酸钠溶解迅速，团聚的影响不显著。分离乳蛋白粉末是一种缓慢溶解的粉末，结块作用很小，如图 5.5 所示。事实上，粉末颗粒的聚集导致溶解稍微慢一些，这是因为在初级颗粒溶解之前，需要额外的时间将结块分解成初级颗粒。离心沉降试验的研究结果如表 5.9 所示。这些结果证实了结块的和非结块的分离乳清蛋白和酪蛋白酸钠粉末很容易溶解且没有沉积物，以及分离乳蛋白粉末溶解缓慢的行为也证明了这一点。总的来说，结块的潜在好处就是提高粉末的润湿性。

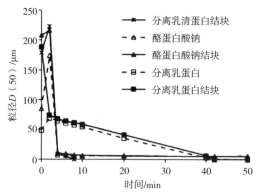

图 5.5　粒径 D（50）分离乳蛋白、酪蛋白酸钠和分离乳清蛋白粉体分散颗粒及其结块的测量结果（未结块的乳清蛋白由于快速溶解于水中，没有测量粒径）

表 5.9　非结块（NA）和结块（A）高蛋白奶粉 168 g 离心 10 min 后的沉积物高度

类型		分离乳蛋白	分离乳清蛋白	酪蛋白酸钠
沉积物高度/mm	非结块型	2.45	0	0
	结块型	1.95	0	0

5.6　结论

本章概述了各种可以联合应用的技术，为食品粉末的复水特性提供一个更完整的表征。不同的技术可以相互补充，其中一些技术可以完善彼此的结果，而其他技术可以提供关于粉末复水特性的多方面信息。可以用不同的技术研究如何控制各种因素来改善特定粉末的复水特性，以及比较不同粉末的复水特性。

参考文献

Anon. (1979) . Proceedings of the IDF seminar on dairy effuents (1976) . International Journal of Dairy Technology, 32 (2), 113-113. https://doi. org/10. 1111/j. 1471-0307. 1979. tb01909. x.

Barbosa-Canovas, G. V. , Ortega-Rivas, E. , Juliano, P. , & Yan, H. (2005) . Food powders: Physical properties, processing, and functionality. New York: Kluwer Academic.

Crowley, S. V. , Desautel, B. , Gazi, I. , Kelly, A. L. , Huppertz, T. , & O'Mahony, J. A (2015) . Rehydration characteristics of milk protein concentrate powders. Journal of Food Engineering, 149, 105 - 113. https://doi. org/10. 1016/j. jfoodeng. 2014. 09. 033.

Dupas, J. , Verneuil, E. , Ramaioli, M. , Forny, L. , Talini, L. , & Lequeux, F. (2013) . Dynamic wetting on a thin flm of soluble polymer: Effects of nonlinearities in the sorption isotherm. Langmuir, 29 (40), 12572-12578. https://doi. org/10. 1021/la402157d.

Fang, Y. , Selomulya, C. , Ainsworth, S. , Palmer, M. , & Chen, X. D. (2011) . On quantifying the dis solution behaviour of milk protein concentrate. Food Hydrocolloids, 25 (3), 503-510.

Fitzpatrick, J. J. , van Lauwe, A. , Coursol, M. , O'Brien, A. , Fitzpatrick, K. L. , Ji, J. , & Miao, S. (2016) . Investigation of the rehydration behaviour of food powders by comparing the behav iour of twelve powders with different properties. Powder Technology, 297, 340 - 348. Retrieved from https://linkinghub. elsevier. com/retrieve/pii/S0032591016302042.

Fitzpatrick, J. J., Salmon, J., Ji, J., & Miao, S. (2017). Characterisation of the wetting behaviour of poor wetting food powders and the infuence of temperature and flm formation. Kona Powder and Particle Journal, 34, 282-289. https://doi.org/10. 14356/kona. 2017019.

Fitzpatrick, J. J., Bremenkamp, I., Wu, S., & Miao, S. (2019). Quantitative assessment of the rehy dration behaviour of three dairy powders in a stirred vessel. Powder Technology, 346, 17-22. https://doi.org/10. 1016/j. powtec. 2019. 01. 087.

Forny, L., Marabi, A., & Palzer, S. (2011). Wetting, disintegration and dissolution of agglomerated water soluble powders. Powder Technology, 206 (1-2), 72-78.

Freudig, B., Hogekamp, S., & Schubert, H. (1999). Dispersion of powders in liquids in a stirred vessel. Chemical Engineering and Processing Process Intensifcation, 38 (4-6), 525-532. https://doi.org/10. 1016/s0255-2701 (99) 00049-5.

Gaiani, C., Schuck, P., Scher, J., Desobry, S., & Banon, S. (2007). Dairy powder rehydration: Infuence of protein state, incorporation mode, and agglomeration. Journal of Dairy Science, 90 (2), 570 - 581. https://doi.org/10. 3168/jds. s0022-0302 (07) 71540-0.

Gaiani, C., Scher, J., Schuck, P., Desobry, S., & Banon, S. (2009). Use of a turbidity sensor to determine dairy powder rehydration properties. Powder Technology, 190 (1-2), 2-5. https://doi. org/10. 1016/j. powtec. 2008. 04. 042.

Goalard, C., Samimi, A., Galet, L., Dodds, J. A., & Ghadiri, M. (2006). Characterization of the dispersion behavior of powders in liquids. Particle and Particle Systems Characterization, 23 (2), 154 - 158. https://doi. org/10. 1002/ppsc. 200601024.

Ji, J., Cronin, K., Fitzpatrick, J., & Miao, S. (2017). Enhanced wetting behaviours of whey protein isolate powder: The different effects of lecithin addition by fuidised bed agglomeration and coating processes. Food Hydrocolloids, 71, 94-101.

Ji, J., Fitzpatrick, J., Cronin, K., Maguire, P., Zhang, H., & Miao, S. (2016). Rehydration behav iours of high protein dairy powders: The infuence of agglomeration on wettability, dispersibil ity and solubility. Food Hydrocolloids, 58, 194 - 203. Retrieved from https://linkinghub. elsevier. com/retrieve/pii/S0268005X16300704.

Mimouni, A., Deeth, H. C., Whittaker, A. K., Gidley, M. J., & Bhandari, B. R. (2009). Rehydration process of milk protein concentrate powder monitored by static light scattering. Food Hydrocolloids, 23 (7), 1958-1965. https://doi.org/10. 1016/j. foodhyd. 2009. 01. 010.

Mitchell, W. R., Forny, L., Althaus, T. O., Niederreiter, G., Palzer, S., Hounslow, M. J., & Salman, A. D. (2015). Mapping the rate-limiting regimes of food powder reconstitution in a stan dard mixing vessel. Powder Technology, 270, 520-527. https: //doi. org/10. 1016/j. powtec. 2014. 08. 014.

Schubert, H. (1993). Instantization of powdered food products. International Chemical Engineering, 33 (1), 28-45.

Washburn, E. W. (1921). The dynamics of capillary fow. Physics Review, 17 (3), 273.

第6章 食品粉末抗结块添加剂

Emine Yapıcı, Burcu Karakuzu-İkizler 和 Sevil Yücel
土耳其，伊斯坦布尔，耶尔德兹理工大学化学与冶金学院生物工程学系

6.1 食品粉末中结块的形成

大多数粉末材料由于各种原因容易结块，从而引起很多问题。了解结块现象和防止结块形成的方法是非常必要的，这样才可以解决所有与结块有关的问题（Irani et al.，1959）。含水率、温度、压力、杂质和贮存时间是结块实验中的重要参数，目前，已开展了大量关于不同参数组合对结块特性影响的研究（Irani et al. 1959）。

结块是一种不理想的现象，即自由流动的粉末在储存过程中聚集在一起并变成固体结块（Hansen et al.，1998）。低水分粉状物料因成团和变黏而结块，从而影响了物料的功能，降低了物料的质量和产量，粉末也会因为结块而失去它们的自由流动性、风味和脆度。在使用粉末材料的相关行业中，这是一个重要的经济问题（Aguilera et al.，1995）。

典型的结块过程分为桥接、成团、压实和液化四个步骤，在每个结块阶段，会形成不同数量，不同大小和不同硬度的结块，通过跟踪颗粒直径和孔隙度的形态变化以及颗粒间桥梁的形成，可以定量测量结块（Aguilera et al.，1995）。

桥接是结块的第一步，它是由于颗粒之间接触点的表面变形和黏附而发生，但系统孔隙度没有明显降低，形成的桥梁在这一阶段受到冲击时也会断裂。在成团阶段，尽管桥梁发生了不可逆转的固结，但仍保持了颗粒体系的高孔隙率，形成了结构完整的颗粒团块。在压实步骤中，颗粒间桥变得更厚，颗粒间隙减少，并且由于颗粒聚集体在压力下的变形而导致系统完整性的显著丧失。在最后一步的液化过程中由于含水量高、流动密集，颗粒间桥会完全消失（Aguilera et al.，1995）。

防止结块的控制措施和方法列举如下：
- 降低粉末的细颗粒含量；
- 降低粉末的水分含量；
- 明确引起结块的主要成分，如果有其他选择可以进行替换；
- 降低温度和湿度，改善储存条件；
- 减少固结时间负荷；
- 使用抗结块剂（Zafar et al.，2017）。

粉末的流动性和流动行为直接关系到结块过程，在储存和运输过程中，粉末材料形成结块和流动性损失会导致其质量下降（Ganesan et al.，2008）。

应采取各种预防措施来减少食品粉末和类似物料在储存期间结块，影响粉末的流动性并加速粉末的结块过程因素主要包括含水量、温度、压力、脂肪量、粒度和抗结块剂（Juliano et al.，2010；Ermiş et al.，2018），必须控制好这些因素以减少食品粉末结块趋势。

水分控制是抑制食品粉末中微生物生长的主要方式，食品粉末大多具有吸水性，在适当的湿度条件下容易吸收水分，当吸水量增加时，导致颗粒之间液化的黏附力和内聚力也会增加。

温度是影响食品粉末流动性的另一个重要因素，非晶态或半晶态食品体系的温度决定了食品分子的流动性是玻璃态还是黏流态。食品系统的黏度是温度的函数，当非晶态食品的温度高于玻璃化转变温度（T_g）时，它们会变成液体状、橡胶状，并伴有黏性和结块。这意味着，如果产品温度低于玻璃化转变温度，就不会发生结块和黏结等问题（Taylor 等，1991）。

6.2　功能性化学物质：抗结块剂

流动调节剂或抗结块剂是为粉末提供稳定的流动性，并便于粉末在贮藏容器中流动的一种添加剂（Irani et al.，1959）。抗结块剂常被用作食品添加剂，可以维持粉末的稳定流动或提高流动速率。抗结块剂通过降低颗粒间力的黏性和可压缩性来改善粉末的流动性。它们也被称为流动调节剂、自由流动剂、防黏剂、润滑剂、助流剂、干燥剂、隔离剂、脱模剂，因为在储存过程中结块也与粉末流动性和黏性有关（Branen et al.，2002）。由于粉末材料应用广泛，抗结块添加剂在制药、化工、食品（Chang et al.，2018；Hollenbach et al.，1982）、肥料（Martinez 和 rocaffull et al.，2015）和饲料（Rychen et al.，2017）工业中变得尤为重要。

抗结块添加剂通常是非常细的粉末，微米和更小的粒径大小（40~100 μm）（Juliano et al.，2010），它们在化学上也是惰性物质。抗结块添加剂可以合成，但大多数都是天然的或与天然相同的。硅酸盐、多糖、磷酸盐、硬脂酸盐和铁盐是常见的抗结块剂，它们大多不溶于或微溶于水和乙醇。抗结块剂的共同特征之一是具有较大的表面积，因为具有表面积大的优势，这些添加剂能够吸附大量的水。需要注意的是，抗结块剂的粒度必须比主体粉末更小，使用粒度更细的抗结块剂可以更好地防止主体粉末结块（Irani et al.，1959；Ganesan et al.，2008）。

抗结块剂的使用效果在各种粉末材料和不同的环境条件下会发生变化，因此，可以通过实验研究确定添加剂的最佳使用条件。

含水量的有效控制和低温贮藏是减少粉末结块的重要措施，然而在许多情况下，也将抗结块剂加到具有吸湿性的食品粉末中，以增加流动性和防止出现结块。流动调节剂或抗结块剂通过多种作用机制来克服结块问题。

这些材料最重要的性能之一是与主体粉末竞争环境中存在的水分，由于其具有多孔结构，大多数抗结块剂通过吸收大量的水蒸气来保护食品。

它们成为食品粉末之间的物理表面屏障，增加颗粒之间的距离和减少摩擦。它们会干扰液体桥接机制，通过减少或中和具有相反电荷的表面分子静电吸引力来抑制晶体生长（Lück et al.，2012）。

提高非晶相的玻璃化转变温度可以防止与黏性和结块相关的液体状粉末的产生。抗结块剂通过提高粉末的玻璃化转变温度，在增加主体粉末的稳定性方面发挥着重要作用（Chang et al.，2018）。抗结块剂还可以防止吸湿颗粒表面结块，在不进入粉末的非晶态的情况下形成防潮屏障（Aguilera et al.，1995）。

抗结块剂以粉状和颗粒状的形式广泛应用于许多食品中，这些食品包括蔬菜、饮料、水果粉、鸡蛋粉、汤粉、酵母粉、糖果产品、自动售货机粉（牛奶、咖啡、冰激凌粉）、乳酪粉、调味粉（盐和香料）、酱粉、泡打粉、蛋糕粉、糖粉和巧克力粉（Lück et al.，2012）。

抗结块剂常被添加到粉末体系中以延缓或防止结块，但对其在粉末化学和物理稳定性方面的影响知之甚少，目前还没有专门的分析方法来评价抗结块剂的性能，造成这一问题的主要原因是影响粉体结块倾向的几个独立变量（湿度、温度、主体粉末性质等）（Lipasek et al.，2011；Hollenbach et al.，1982）。

6.3　常用的抗结块剂

6.3.1　铝硅酸盐

根据 E 编码，铝硅酸盐可为如下物质，例如 E554 硅铝酸钠、E555 硅酸铝钾、E556 硅酸铝钙盐、E559 硅酸铝（高岭土）。铝硅酸盐通常通过可溶性铝盐和合适金属的沉淀获得，它们通常被描述为白色的、无定形的粉末材料。铝硅酸盐是食品工业中用作自由流动剂的精细粉体，它被用于饮料粉和甜味粉。与控制流动性的其他抗结块材料相比，铝硅酸盐相对便宜，由于其价格低廉，并可改善粉末的流动性，它通常是首选（Emerton et al.，2008）。

联合国粮食及农业组织（FAO）/世界卫生组织食品添加剂联合专家委员会（United Nations Joint Food and Agriculture Organization/World Health Organization Food

Additives Expert Committee，JECFA）2006 年规定铝硅酸盐每日允许摄入量（Acceptable Daily Intake，ADI）为 1 mg/kg，暂定每周耐受摄入量（Provisional Tolerable Weekly Intake，PTWI）为 7 mg/kg 体重。这些标准适用于所有食品中的铝化合物，包括添加剂（Pandey 和 Upadhyay，2012）。

硅酸铝钙是一种细小、白色、自由流动的粉末，它应含有 44%~50%二氧化硅（SiO_2），3%~5%氧化铝（Al_2O_3），32%~38%氧化钙（CaO），0.5%~4%氧化钠（Na_2O）（JECFA 2019）。

根据粮农组织 JECFA 的规定，硅铝酸钠的定义是由不同比例的 Na_2O、Al_2O_3 和 SiO_2 组成的非晶态水化硅酸铝钠，其采用硫酸铝与硅酸钠反应，再用沉淀法制备。硅铝酸钠被描述为一种细小、白色的、自由流动的粉末，硅铝酸钠的二氧化硅（SiO_2）含量应不小于 66%，不大于 88%。同时，其氧化铝（Al_2O_3）含量应不低于 5%，不超过 15%。氧化钠（Na_2O）含量不低于 5%，不超过 8.5%（JECFA 2019）。

硅铝酸钠的使用要比硅酸铝钾普遍，硅酸铝钾是常用的载体，此外，硅酸铝钾被用于适当地降低食品中钠含量（Emerton et al.，2008）。

6.3.2　膨润土 E558

膨润土样品主要由二氧化硅（SiO_2）、氧化镁（MgO）、氧化铝（Al_2O_3）和氧化钠（Na_2O）组成，不同类型的膨润土样品的化学元素百分比（%）不同，根据联合国粮食及农业组织（Food and Agriculture Organization，FAO）规定，其没有确定的元素量。多项研究结果表明，膨润土中含有 51.5%~72.4% 的二氧化硅（SiO_2）、2.6%~26.1% 的氧化镁（MgO）、4.1%~23.8% 的氧化铝（Al_2O_3）和 1.2%~3.1%的氧化钠（Na_2O）（EFSA 2012）。

膨润土在食品中作为抗结块剂的使用没有限制，膨润土是安全的，专门用作动物饲料中的饲料添加剂（Rychen et al.，2017）。根据欧盟饲料添加剂和产品研究小组（Panel on Additives and Products or Substances used in Animal Feed，FEEDAP）的研究结果，在全饲料中添加 20000 mg/kg 的膨润土不会对动物和消费者产生任何安全问题。

6.3.3　碳酸钙 E170（ⅰ）和碳酸氢钙 E170（ⅱ）

碳酸钙是一种允许使用的食品添加剂，可用于改善食品的许多特性，它可以作为酸度调节剂、食用色素、抗结块剂等添加到食品中，它也被称为碳酸钙盐、方解石和白垩。碳酸钙（$CaCO_3$）是一种无味的白色无机盐，摩尔质量为 100.1 g/mol。碳酸钙有六种固体形式，包括微晶体（无水结晶；方解石、文石、六方石及水合晶体；晶体单水方解石和镁石）或非晶态粉末（Opinion，2011）。非晶球形碳酸钙的粒度通常在 40~120 nm 之间，晶体形式的碳酸钙颗粒直径通常在 1~10 μm 之间（Meiron et al.，2010）。纳米级碳酸钙不适合用作食品添加剂，食品级碳酸钙的平均粒径（d50）为 5 μm 左右，上限（d98）为 65 μm（Opinion 2011）。

碳酸氢钙也被称为重碳酸钙，分子式为 $Ca(HCO_3)_2$，摩尔质量为 162.1 g/mol。碳酸氢钙为白色结晶粉末，可溶于水，溶解度为 16.6 g/100 mL（20℃）。碳酸氢钙可以通过碳酸钙和碳酸之间的反应产生。逆反应过程是碳酸氢钙受热分解为碳酸钙、二氧化碳和水，它在食品中被用作颜色稳定剂，抗结块添加剂，目前没有关于重碳酸钙更多的详细信息（NCBI，2020a，b）。

6.3.4 硅酸钙 E552

硅酸钙是一种含水或无水的无机材料，在食品工业中用作抗结块剂，它是一种不溶于水的白色极细粉末。硅酸钙还具有低堆积密度和高吸水能力，它是由硅质材料和钙化合物之间的各种反应制成的。它既可以从天然石灰石和硅藻土中获得，也可以由不同比例的二氧化硅和氧化钙合成。硅酸钙是一种无机物，它是一种含水或无水物质，含有不同比例的钙（氧化钙）和硅（二氧化硅）。根据 FAO 数据表示，以灼烧干基计，硅酸钙应含有 50%~95% 的二氧化硅，3%~35% 的氧化钙（JECFA，2019）。在食品中的添加量应不超过其质量的 2%，不超过发酵粉质量的 5%（NCBI 2020c）。

6.3.5 柠檬酸铁铵 E381

柠檬酸铁铵又称枸橼酸铁铵、柠檬酸铁铵、枸橼酸铁铵、柠檬酸铁（Ⅲ）铵，它是一种由铁、氨和柠檬酸组成的结构不定的络盐。根据含铁量的不同，它被称为棕盐和绿盐。据称，棕盐可能含有 16.5%~22.5% 的铁，绿盐可能含有 14.5%~16.0% 的铁，绿盐常被用作抗结块剂（JECFA，2019）。主体粉末中柠檬酸铁铵的使用量不应超过 0.0025%（按重量计）（WHO，2006）。

6.3.6 异麦芽糖醇 E953

异麦芽糖醇是一种无臭、结晶、弱吸湿性的白色粉末，除了常被用作食品中的合成甜味剂外，还被用作膨化剂、防磨剂和上光剂。异麦芽糖醇类型的化学名称和分子式为 6-O-α-D-吡喃葡萄糖基-D-山梨糖醇；$C_{12}H_{24}O_{11}$，1-O-α-D-吡喃葡萄糖基-D-甘露糖醇二水合物；$C_{12}H_{24}O_{11} \cdot 2H_2O$。异麦芽糖醇也可以用作一种抗结块剂，用于即食谷物产品、无糖糖果、冷冻食品（如冰淇淋）、鱼类和肉类产品（McNutt et al.，2003）。

6.3.7　碱式碳酸镁 E554 (ii)

碱式碳酸镁是一种无臭、质轻、易碎或块状的白色粉末，它也被称为亚碳酸镁（轻或重）、水合碱式碳酸镁、氢氧化碳酸镁，氧化镁（MgO）含量应不低于 40% 且不高于 45%（JECFA，2019）。除在食品中用作抗结块剂外，它还用作干燥剂、护色剂和载体。

6.3.8　氧化镁 E530

氧化镁（MgO）被用作食品中的抗结块剂，根据密度命名为轻质氧化镁（$0.1 \sim 0.12 \ g \cdot cm^{-3}$）和重质氧化镁（$0.25 \sim 0.5 \ g \cdot cm^{-3}$）。在 800℃ 左右燃烧后，氧化镁含量不应小于 96.0%，不溶于乙醇和水（JECFA，2019）。

6.3.9　硅酸镁 E553a

根据欧盟委员会第 231/2012 号法规，食品添加剂硅酸镁 E553a 为氧化镁与二氧化硅的摩尔比约为 2 : 5 的合成化合物，它是一种非常细、白色、无味的粉末材料，氧化镁含量大于 15%，二氧化硅含量大于 67%。

生产高质量和分散均匀的硅酸盐，可以用偏硅酸钠溶液与合适的盐溶液反应，通过沉淀物的沉淀得到优质且分散均匀的硅酸盐（Younes，2018c）。

硅酸镁在糖果产品中用作抗黏剂和抗结块剂（模塑粉或防反光材料的一种成分），硅酸镁还在动物饲料的维生素和矿物质预混制剂中作为载体和预防物质。因为它能够很容易地提供白色，可以用作白色颜料代替二氧化钛（Rashid et al.，2011）。

6.3.10　二氧化硅 E551

根据 JECFA 规定，按照生产方法，二氧化硅被定义为气相二氧化硅或水合二氧化硅的无定形物质，化学式为（SiO_2）$_x$，摩尔质量为 60.08 g/mol。

两种不同的工艺可用于生产无定形二氧化硅，包括热处理来获得高热或气相二氧化硅，还可以利用湿法工艺获得含水二氧化硅、沉淀二氧化硅和硅胶（Younes et al.，2018b）。

由于无定形二氧化硅的吸湿结构及吸水能力，喷雾干燥材料、干混合物或含糖量高的食物（果汁粉、可可、咖啡增白剂等）可防止水分的负面影响（Villota et al.，1986），二氧化硅的规定用量不应超过食物主体粉末重量的 2%。

它可以用于各种片状食品中，作为 *dl*-α-生育酚乙酸酯和泛醌醇的吸附剂，但必须按照特定的量添加才可以达到预期的物理或技术效果。它还可以在啤酒生产中用作稳定剂，并在最后一个工艺步骤前从啤酒中滤出（Magnuson et al.，2013）。

6.4 硬脂酸盐

　　硬脂酸镁 E470 具有特殊的温和气味，触摸时有油腻感，它是一种细而轻的粉末材料，几乎是白色或接近白色，它不溶于水和无水乙醇，除了用作抗结块剂外，硬脂酸镁还用作润滑剂和脱模剂、黏合剂、增稠剂、乳化剂和消泡剂。硬脂酸镁在食品补充剂（片剂、胶囊、粉末）、草药、香料、压缩和颗粒状薄荷糖和糖果、口香糖、烘焙产品中用作抗结块剂并发挥其他功能性用途。经检测，其在这些食品中的最大使用量在 0.05% ~ 3% w/w 之间（JECFA-CTA，2015）。硬脂酸镁在合适的储存条件下保持稳定不分解，它可以在较长的储存时间（> 12 个月）内吸收水分（JECFA-CTA，2015）。

　　硬脂酸镁也可用于化妆品、药品、食品、聚合物、造纸、橡胶、油漆工业中，作为胶凝剂、稳定剂、润滑剂、防黏剂、乳化剂和增塑剂使用。

　　根据 Hobbs 等（2017）的研究，硬脂酸镁没有表现出遗传毒性作用，该研究认为对硬脂酸镁的毒性评价和对其他镁盐的评价是没有区别的，同时明确了"未指定"硬脂酸和棕榈酸的镁盐的 ADI。

　　硬脂酸钙 E470 是由硬脂酸和石灰反应生成的，它是一种细腻的白色触感丝滑的粉末，在高温条件下能保持稳定。

　　由于硬脂酸钙无毒、高度抗水和防水的特性，其可用作食品添加剂。同时在不同的行业中，它还可以作为润滑剂、稳定剂和增稠剂使用。硬脂酸钙被广泛用作抗结块剂和表面调节剂，尤其是在糖果产品（硬糖、片剂糖果等）中（Lück et al.，2012）。

　　Rebecca 等研究了硬脂酸钙和其他抗结块剂如何影响维生素 C 的化学和物理稳定性以及吸水性，结果表明抗结块剂提高了粉末形式的抗坏血酸钠物理稳定性，但没有提高其化学稳定性（Lipasek et al.，2011）

6.4.1 亚铁氰化物

　　亚铁氰化钠 E535、亚铁氰化钾 E536 和亚铁氰化钙 E538 由 JECFA 评估并确定为食品添加剂，亚铁氰化钠、亚铁氰化钾和亚铁氰化钙的化学式分别是 $Na_4[Fe(CN)_6] \cdot 10H_2O$、$K_4[Fe(CN)_6 \cdot 3H_2O$ 和 $Ca_2[Fe(CN)_6] \cdot 12H_2O$。

　　根据欧盟委员会条例 231/2012（欧盟）和 JECFA（2006）的规定，食品添加剂亚铁氰化钠、亚铁氰化钾和亚铁氰化钙的含量纯度不应低于 99%（按重量计）。

六氰高铁酸盐（Ⅱ）阴离子 [Fe（CN）$_6$]$_4$ 通常被称为亚铁氰化物，由于铁（+2 氧化态）和每个氰化物基团之间强烈的化学键而具有非常稳定的结构。游离亚铁氰酸；四氢六氰高铁酸（H$_4$[Fe（CN）$_6$]）溶于水时是一种四元强酸。

这三种食品添加剂属于亚铁氰化物家族，完全是合成的，亚铁氰化钠（黄血盐钠）是由粗氰化钠和硫酸铁在水性介质中制成的，通过结晶回收亚铁氰化钠十水合物盐。亚铁氰化钾是由亚铁氰化钠与氢氧化钙和氯化钾反应得到的，亚铁氰化钙也可通过亚铁氰化钠与氢氧化钙反应获得（Younes et al.，2018a）。

6.4.2　滑石 E553b

根据 FAO JECFA 的规定，滑石是从自然界获取的含水硅酸镁，其含有多种矿物质，如 α-石英、方解石、绿泥石、白云石、高岭土、菱镁矿和金云母。滑石是从含有石棉的沉积物中获得的，由于石棉的致癌作用，因此不适合用于食品级。它也被描述为一种精细的、无臭的、白色或灰白色结晶粉末，容易黏附在皮肤上，并且没有砂砾感（JECFA，2019）。

6.5　磷酸盐

磷酸三钙 E341（Ⅲ）是一种磷酸钙盐。它是由磷酸商业化生产出来的，磷酸是从磷矿中获得的，ADI 为 70 mg/kg 体重。磷酸和磷酸盐没有任何饮食限制，通常适合严格素食主义者和素食主义者食用（FDA，2019）。

磷酸三镁 E340（Ⅲ）被描述为一种白色无味的结晶粉末，化学式为 Mg$_3$（PO$_4$）$_2$，它也有各种水合物形式（JECFA，2019）。

6.6　新型抗结块剂

近年来，人们努力开发创新食品添加剂，同时解决了许多问题。食品消费者的健康状况（食物过敏等），饮食偏好（素食营养等）和民俗文化也影响食品添加剂偏好。例如，许多公司更喜欢生产非动物来源的硬脂酸盐产品。

二氧化硅气凝胶产品可以应用的另一个例子是作为新型抗结块剂，其具有优越的特性，所以在食品粉末中作为抗结块剂具有许多优点。高表面积、低堆积密度、极细的颗粒尺寸是它的突出特点，与同等重量的传统抗结块剂相比，其吸湿能力非常强，因此，即使少量的二氧化硅气凝胶也可以有效地用于食品粉末（Dorcheh et al. , 2008；Yücel et al. , 2016；Temel et al. , 2017）。

　　另一种方式是提供一种可以替代传统食品添加剂的物质，但出于安全性的考虑，其应用还存在一定的争议。Geertman（2005）评价了新一代抗结块剂金属有机复合物，这种防结块剂代替传统抗结块剂（亚铁氰化物），经常用于调控盐摄入量。金属离子通过在盐的表面形成氧化层来防止氧化，Bode 等检验了金属有机络合物铁（Ⅲ）酒石酸盐对氯化钠的抗结块作用，并解释了其抗结块活性（Jiang et al. , 2016）。

6.7　抗结块剂的膳食暴露

　　食品添加剂一览表对每种添加剂使用限量提供了简要说明，应用时需要对每个条目进行仔细的查阅以便获得关于使用限制更详细的信息（FDA，2019）。

　　食品粉末中对预防性物质的使用有严格的规定和限制，最重要的是，预防性物质应该是惰性的，其在规定的用量内使用是安全的，并被认定为"一般认为安全"，此外法律允许其在粉末中可以添加 2% 或更少，因此即使在低浓度下其作用也应该是有效的。目前开展了很多对于粉末的相关实验研究，以确定最有效的抗结块剂和其使用浓度（Aguilera et al. , 2005；Lipasek et al. , 2011）。

　　出于安全性的角度，确定添加剂在食品中的合理添加量非常重要，ADI 被定义为每日每千克体重允许的摄入量（mg/kg 体重/天），这一概念被全球国家/国际监管和咨询委员会广泛使用。为了确定 ADI，进行了大量生物学和毒理学评估（细胞毒性、遗传毒性、致癌性等），这些研究确定了可能对体内试验动物（通常是大鼠或小鼠）健康和体外细胞系造成不利影响的添加剂量。食品添加剂的另一个重要术语，最大使用量表示在食品或食品类中被确定为能发挥相应功效且安全的最高浓度，通常指的是 mg 添加剂/ kg 食品（CODEX，2019），常用抗结块剂的 ADI 和最大使用量见表 6.1。

6.8　相关规定

　　食品安全和消费安全标准化在世界范围内都是非常重要的问题，全球公认的食品添加剂两个主要监管部门是欧洲食品安全局（European Food Safety Authority, EF-SA）和美国食品和药物管理局（the United States Food and Drug Administration, FDA），它们制定了与食品添加剂相关的规则、定义、技术信息、用量、标签和程序相关的法规。为了重新评估食品添加剂的安全性，EFSA 在特定时间公开征求科学意见，例如其发布了 115 份征求到的科学意见，并对 2009 年 1 月 20 日之前批准的 316 种食品添加剂中的 204 种的安全性重新评估，对于剩余的 112 种食品添加剂 EFSA 要求在 2020 年 12 月 31 日前进行重新评估。JECFA 作为独立于 WHO、FAO、成员国和相关组织的机构，负责对食品添加剂进行风险评估。

表 6.1　抗结块剂作为食品添加剂的使用情况及其 ADI 和最大使用量

单位：mg/kg

E 编号	名称	ADI	最大用量	食品分组	参考文献
E551	二氧化硅	未指定	2000~30000	22 个食物类别	Younes 等（2018a）
E552	硅酸钙	未指定	5400~30000	13 个食物类别	Younes 等（2018b）
E553a	硅酸镁	未指定	5400~30000	13 个食物类别	Younes 等（2018c）
E553b	滑石	未指定	5400~30000	13 个食物类别	Younes 等（2018d）
E170	碳酸钙	未指定	6000	泡打粉	Opinion（2011）
E470	硬脂酸镁	未指定	20000	嚼口香糖	JECFA-CTA（2015）

　　根据欧盟第 1333/2008 号法规，食品添加剂分为 26 个功能类别，类别名称和国际编号系统对于食品添加剂是非常重要和必须的。食品添加剂国际编码系统（The International Numbering System for Food Additives，INS）是基于欧洲的食品添加剂标签系统，旨在对具有较长名称的添加剂提供简要描述，INS 编码由三位或四位数字组成。欧盟批准的食品添加剂都是用 E（E 代表欧洲）作为前缀，欧洲以外的国家可以使用没有 E 后缀的数字系统，有了这个标签，所有食品添加剂都已明确是否被批准用于食品（Carocho et al.，2014；CAC，2019）。

　　食品添加剂可以用来解决食品中的不同问题，制造商有责任在成分列表中说明该添加剂最重要的功能类别，例如，碳酸钙可以作为食品中的表面着色剂、稳定剂或抗结块剂，因此在成分列表中适当标记为 "抗结块剂 INS 170" 或 "表面着色剂 170"（CAC 2019）。

参考文献

Aguilera, J. M.（2005）. Food powders：Physical properties, processing, and functionality. New York: Kluwer Academic. https://doi.org/10.1007/0 - 387 - 27613-0.

Aguilera, J. M., Valle, J. M., & Ka, M. (1995). Caking phenomena in amorphous food powders. Trends in Food Science and Technology, 6, 149.

Branen, A. L., Davidson, P. M., & Salminen, S. (2002). Food additives (2nd ed.). Boca Raton: CRC Press. Revised and expanded.

CAC (2019). Class names and the international numbering system for food additives. Codex Alimentarius. http://www.fao.org/fao-who-codexalimentarius/sh-proxy/en/? lnk = 1&url = https% 253A% 252F% 252Fworkspace.fao.org% 252Fsites% 252Fcodex%252FStandards%252FCX G%2B36-1989%252FCXG_ 036e.pdf.

Carocho, M., Barreiro, M. F., Morales, P., & Ferreira, I. C. F. R. (2014). Adding molecules to food, pros and cons: A review on synthetic and natural food additives. Comprehensive Reviews in Food Science and Food Safety, 13 (4), 377-399. https://doi.org/10.1111/1541-4337.12065.

CODEX (2019). General standard for food additives. http://www.fao.org/gsfaonline/docs/ CXS_ 192e.pdf. Access date: 15.02.2019.

Chang, L. S., Karim, R., Abdulkarim, S. M., Yusof, Y. A., & Ghazali, H. M. (2018). Storage stability, color kinetics and morphology of spray-dried soursop (Annona muricata L.) powder: Effect of anticaking agents. International Journal of Food Properties, 21 (1), 1937 - 1954. https://doi. org/10.1080/10942912. 2018. 1510836.

Dorcheh, A. S., & Abbasi, M. H. (2008). Silica aerogel: synthesis, properties and characterization. Journal of Materials Processing Technology, 199 (1-3), 10-26. https://doi.org/10.1016/j. jmatprotec. 2007.10.060.

EFSA. (2012). Scientifc opinion on the safety and effcacy of bentonite as a technological feed additive for all species. EFSA Journal, 10 (7), 2787. https://doi.org/10.2903/j. efsa. 2012.2787.

Emerton, V., Choi, E., House, T. G., Park, S., & Road, M. (2008). Essential guide to food additives. Cambridge: Royal Society of Chemistry.

Ermiş, E., Güneş, R., & Zent, i. (2018). Bazı Model Toz Gıdaların Akışkanlığına ve Sıkıştırı labilirliğine Partikül Boyutunun Etkisinin PFT Toz Akışı Test Cihazı Kullanılarak Belirlenmesi. Türk Tarım - Gıda Bilim ve Teknoloji Dergisi, 6 (1), 55-60.

FDA (2019). Food additives permitted for direct addition to food for human consumption. Subpart E－－Anticaking Agents. CFR － Code of Federal Regulations, Sec. 172. 430 Iron ammonium citrate. Revised as of April 1, 2019.

Ganesan, V. , Rosentrater, K. A. , & Muthukumarappan, K. (2008) . Flowability and handling characteristics of bulk solids and powders － A review with implications for DDGS. BiosystemsEngineering, 101 (4), 425 － 435. https://doi. org/10. 1016/ j. biosystemseng. 2008. 09. 008.

Geertman, R. M. (2005) . How to make salt rust or: New anticaking agents for salt. VDI Gesellschaft Verfahrenstechnik und Chemieingenieurwesen. In: Industrial crystallization, 2, 557－562. ISBN: 3180919019.

Hansen, L. D. , Hoffmann, F. , & Strathdee, G. (1998) . Effects of anticaking agents on the thermodynamics and kinetics of water sorption by potash fertilizers. Powder Technology, 98 (1), 79－82. https://doi. org/10. 1016/s0032－5910 (98) 00037－0.

Hobbs, C. A. , Saigo, K. , Koyanagi, M. , & Hayashi, S. －M. (2017) . Magnesium stearate, a widelyused food additive, exhibits a lack of in vitro and in vivo genotoxic potential. Toxicology Reports, 4, 554 － 559. Retrieved from https://pubmed. ncbi. nlm. nih. gov/29090120.

Hollenbach, A. M. , Peleg, M. , & Rufner, R. (1982) . Effect of four anticaking agents on the bulk characteristics of ground sugar. Journal of Food Science, 47 (2), 538－544. https://doi. org/ 10. 1111/j. 1365－2621. 1982. tb10119. x.

Irani, R. R. , Callis, C. F. , & Liu, T. (1959) . Flow conditioning anticaking agents. Industrial andEngineering Chemistry, 51 (10), 1285－1288. https://doi. org/ 10. 1021/ie50598a035.

Jiang, S. , Meijer, J. A. M. , Van Enckevort, J. P. , & Vlieg, E. (2016) . Structure and activity of the anticaking agent iron (Ⅲ) meso－tartrate. Dalton Transactions, 45, 6650.

JECFA－CTA. (2015) . Chemical anf Technical Assessment (CTA) . http:// www. fao. org/food/foodsafety－quality/scientifc－advice/jecfa/technical－assessments/en/. Access date: 09. 01. 2019.

JECFA. (2019) . Evaluations of the Joint FAO/WHO Expert Committee on Food Additives. https://apps. who. int/food － additives － contaminants － jecfa － database/ search. aspx. Access date: 30. 03. 2019.

Juliano, P. , & Barbosa－Canovas, G. V. (2010) . Food powders fowability characterization: Theory, methods, and applications. Annual Review of Food Science and Technology, 1, 211－239.

Lipasek, R. A., Taylor, L. S., & Mauer, L. J. (2011). Effects of anticaking a-gents and relative humidity on the physical and chemical stability of powdered vitamin C. Journal of Food Science, 76 (7), C1062 – C1074. https://doi.org/10.1111/j.1750-3841.2011.02333.x

Lück, E., Aktiengesellschaft, H., & Republic, F. (2012). Foods, 3. Food addi-tives. In Ullmann's encyclopedia of industrial chemistry (pp. 671-691). Weinheim: Wiley-VCH.

Martinez, J. A. R., & Rocafull, M. (2015). Anti-caking compositions for fertil-izers. U. S. Patent No. US8932490B2.

Magnuson, B., Munro, I., Abbot, P., Baldwin, N., Lopez-Garcia, R., Ly, K., & Socolovsky, S. (2013). Review of the regulation and safety assessment of food sub-stances in various countries and jurisdictions. Food additives & contaminants: Part A, 30 (7), 1147-1220.

McNutt, K., & Sentko, A. (2003). Isomalt. In Encyclopedia of food sciences and nutrition (pp. 3401-3408). New York: Academic Press. https://doi.org/10.1016/b0-12-227055-x/00658-1.

Meiron, O. E., Bar-David, E., Afalo, E. D., Shechter, A., Stepensky, D., Berman, A., & Sagi, A. (2010). Solubility and bioavailability of stabilized amorphous calcium carbonate. Journal of Bone and Mineral Research, 26 (2), 364-372. https://doi.org/10.1002/jbmr.196.

NCBI (2020a). PubChem Compound Summary for CID 10176262, Calcium bicar-bonate. National Center for Biotechnology Information. https://pubchem.ncbi.nlm.nih.gov/compound/ Calcium-bicarbonate.

NCBI (2020b). PubChem Compound Summary for CID 129627764, Calcium hy-drogen carbonate. National Center for Biotechnology Information. https://pubchem.nc-bi.nlm.nih.gov/ compound/129627764.

NCBI (2020c). PubChem Compound Summary for CID 24456, Calcium phosphate. National Center for Biotechnology Information. https://pubchem.ncbi.nlm.nih.gov/compound/ Calciumphosphate.

Opinion, S. (2011). Scientifc opinion on re-evaluation of calcium carbonate (E 170) as a food. EFSA Journal, 9 (7), 1-73.

Pandey, R. M., & Upadhyay, S. K. (2012). Food additive. London: Inte-chOpen. https://doi.org/10.5772/34455.

Rashid, I., Daraghmeh, N. H., Al Omari, M. M., Chowdhry, B. Z., Leharne,

S. A. , Hodali, H. A. , & Badwan, A. A. (2011). Magnesium silicate. In Profles of drug substances, excipients and related methodology (pp. 241 – 285). San Diego: Elsevier. https://doi.org/10.1016/b978-0-12- 387667-6.00007-5.

Rychen, G. , Aquilina, G. , Azimonti, G. , Bampidis, V. , Bastos, M. D. L. , Bories, G. , et al. (2017). Safety and effcacy of bentonite as a feed additive for all animal species. EFSA Journal, 14, 15.

Taylor, P. , Slade, L. , Levine, H. , Reid, D. S. , Slade, L. , & Levine, H. (1991). Beyond water activity: Recent advances based on an alternative approach to the assessment of food quality and safety. Critical Reviews in Food Science and Nutrition, 30 (2-3), 115-360.

Temel, T. M. , ikizler, B. K. , Terzioğlu, P. , Yücel, S. , & Elalmış, Y. B. (2017). The effect of process variables on the properties of nanoporous silica aerogels: An approach to prepare silica aerogels from biosilica. Journal of Sol – Gel Science and Technology, 84 (1), 51-59. https://doi. org/10.1007/s10971-017-4469-x.

Villota, R. , Hawkes, J. G. , & Cochrane, H. (1986). Food applications and the toxicological and nutritional implications of amorphous silicon dioxide. CRC Critical Reviews in FoodScience and Nutrition, 23 (4), 289 – 321. https://doi.org/10.1080/10408398609527428.

WHO (2006). Enhancing Developing Country Participation in FAO/WHO Scientifc Advice Activities: Report of a Joint FAO/WHO Meeting, Belgrade, Serbia and Montenegro, 12-15 December 2005 (Vol. 88).

Younes, M. , Aggett, P. , Aguilar, F. , Crebelli, R. , Dusemund, B. , Filipič, M. , Frutos, M. J. , Galtier, P. , Gott, D. , Gundert – Remy, U. , Kuhnle, G. G. , Lambré, C. , et al. (2018a). Re-evaluation of sodium ferrocyanide (E 535), potassium ferrocyanide (E 536) and calcium ferrocyanide (E 538) as food additives. EFSA Journal, 16 (7), e05374. https://doi.org/10.2903/j.efsa.2018.5374.

Younes, M. , Aggett, P. , Aguilar, F. , Crebelli, R. , Dusemund, B. , Filipič, M. , Frutos, M. J. , Galtier, P. , Gott, D. , Gundert-Remy, U. , Kuhnle, G. G. , Leblanc, J. , et al. (2018b). Re-evaluation of silicon dioxide (E 551) as a food additive. EFSA Journal, 16 (1), e05088. https://doi.org/10.2903/j.efsa.2018.5088.

Younes, M. , Aggett, P. , Aguilar, F. , Crebelli, R. , Dusemund, B. , Frutos, M. J. , et al. (2018c). Re-evaluation of calcium silicate (E 552), magnesium silicate [E 553a (i)], magnesium trisilicate [E 553a (ii)] and talc (E 553b) as food additives. EFSA Journal, 16, e05375.

Yücel, S. , Karakuzuikizler, B. , & Temel, T. M. （2016）. Aerojel: Üstün Özellikleri, Çeşitleri ve Gelişen Uygulama Alanları. Turkchem, pp. 52-64.

Zafar, U. , Vivacqua, V. , Calvert, G. , Ghadiri, M. , & Cleaver, J. A. S. （2017）. A review of bulk powder caking. Powder Technology, 313, 389.

第7章 食品粉末的改性

Nasim Kian-Pour, Duygu Ozmen 和 Omer Said Toker

N. Kian-Pour (✉)
土耳其伊斯坦布尔艾登大学（*Istanbul Aydin University*）应用科学学院食品技术系

D. Ozmen · O. S. Toker
土耳其伊斯坦布尔耶尔得兹技术大学（*Yildiz Technical University*）化学和冶金工程学院食品工程系

7.1 简介

食品粉末是食品工业的重要组成部分，被用作重要的原料/配料（亲水胶体、面粉、淀粉等）和加工产品（速溶咖啡、水果粉、蜂蜜粉等）。它们在食品中的用途很多，这些用途是由食品粉末的组成、微观结构、化学和物理性质决定的。可对食品粉末进行改性以改善其理化特性，如减小糖颗粒的粒径可以为降低产品的含糖量提供机会，这对于生产低热量产品具有重要的意义。这种方法可以增加糖的表面积，从而增加糖颗粒与受体的接触位点。因此，通过减小糖的粒径，可使用更少量的糖达到相近的甜味。雀巢公司公布一项与提高糖类溶解度有关的专利，通过这种方式，将巧克力的含糖量降低到40%。此外，食品粉末的密度、压缩系数、流动性、溶解度、水合和表面性质等，对获得具有理想特性的产品起着至关重要的作用。通过对粉末的改性，这些性能也能获得提高，团聚造粒是一种广泛使用的粉末改性工艺。

颗粒放大（粒径增大）是指通过各种技术将小颗粒合并成更大更稳定颗粒的各种过程，其中仍可检测出原始颗粒。粒径增大处理被广泛应用于各种行业中，从而获得更大的效益，例如减小粉尘或产品损失，减少环境中粉尘的分散和吸入，减少需处理的有毒有害化学品和废物的危害，使粉末可自由流动，使产品致密化以便更好地运输和储存，减少结团和结块的形成，产生结构形态，优化粉末的外观，控制粉末的性能（孔隙率、传热速率、溶解度），获得不分离的均匀混合固体，以及使活性分子分布更均匀。因此，在食品、药品、洗涤剂、农业、保健品、化妆品和矿物加工等方面，粒径增大工艺引起人们极大的兴趣（Reid，1974）。

粒径增大过程包括压块、挤出造粒（制丸）、压片和团聚造粒。压块是将废渣和生物废料进行致密化或压实，从而产生比原料密度更高的压块产品。在家庭或大型工业中，压块产品可用作能量来源。咖啡豆壳、米糠、玉米芯、稻壳、阿拉比卡树胶和树叶等，是生产压块成型燃料的原料（Kundu et al.，2017）。挤出造粒（制丸）是将潮湿的单一配料或混合配料挤压通过模具口，并将棒状产品切割挤成颗粒状。从原理上讲，挤压机对细小而难以处理的材料施加热量、水分和压力使其凝聚成较大的、处理性能更好的颗粒，如药品、食品（零食）、肥料和动物饲料（Aguilar-Palazuelos et al.，2012）。压片是将粉末或颗粒混合物压制成扁平片剂的一种造粒工艺，广泛应用于制药、化妆品、膳食补充剂、催化剂、化肥、农药、清洗剂、陶瓷、糖果、甜味剂、汤料块、盐片和制糖等行业。

团聚造粒是一种重要的粒径增大操作，在此操作中，小颗粒结合在一起形成更大的颗粒，主要的造粒技术有压力造粒法、生长造粒法（翻滚/搅拌法）、喷雾造粒法。改善食品粉末性能的非造粒过程有冷冻干燥、非晶态食品的热处理、渗透干燥、滚筒干燥、从产品中分离脂肪、添加致孔剂或模板剂然后再通过不同技术将其去除，以产生低密度、具有开放或封闭孔隙结构的多孔颗粒（Saravacos et al.，2002）。各行各业利用团聚造粒来提高产品的特性，相对于传统非造粒产品，造粒产品更具有流动性，运输和储存更安全便宜，并且易于消费者使用。它可以产生如杀虫剂和洗涤剂的无尘粉末，并且减少在运输过程中传播到环境中的危害。此外，对于粉末在处理和储存过程中的堆积密度低和难以流动的问题，可以通过团聚造粒来提高产品的堆积密度，产生更好的自由流动性，从而减少单个颗粒之间的分离，并将它们聚集在成型的团聚体中（Ennis，1996）。团聚造粒广泛用于食品和非食品行业，如洗涤剂、肥料、矿物、黏土制品、哺乳动物饲料、陶瓷、酶、酵母、医药产品、泡打粉、即煮混合物、饮料粉、佐餐盐、布丁粉、香料、即食汤、浓缩汤、巧克力和分散型奶粉工业。团聚造粒提高了产品的堆积密度和流动性，并可控制产品的孔隙率（Dhanalakshmi et al.，2011）。此外，它还可以生产在液体中具有快速分散特性的产品，如速溶奶粉、巧克力、咖啡、可可、软饮料、混合糖、汤料粉、面粉、淀粉、维生素、糊精和药物粉末，可以通过产品在热水或冷水中的润湿性、沉降性、分散性和溶解性来测定团聚体的瞬时性质，团聚体的大小在 0.1~3 mm 之间（Barbosa-Canovas et al.，2005）。本章概述了食品粉末的改性方法，并介绍了其对食品粉末质量特性的影响。

7.2 团聚造粒

团聚造粒是指固体颗粒通过不同的物理或化学力以随机方式黏在一起，并在其单一形状保持不变的情况下，形成具有多孔和扩展结构的更大团聚体的过程。团聚造粒的产品需要具有足够的强度以承受处理和储存期间所受到的压力，并且需要容易分散在液体中（Saravacos et al.，2002）。团聚造粒食品可以作为最终产品供消费者直接使用（如奶粉、婴儿食品、咖啡、饮料粉、维生素和矿物质、甜味剂、盐、糖、洋葱和大蒜粉），也可以间接地用于食品深加工（如淀粉、面粉、蛋粉、口香糖、酵母、酶）。此外，团聚造粒的食品粉末可以用作涂层材料（麦芽糊精）、调味品（奶酪粉、香料），也可以用作辅助干燥的材料（淀粉/面粉）（Dhanalakshmi et al.，2011）。

团聚造粒采用喷涂、加热、干燥、蒸煮、加压、搅拌、挤压等不同单元操作，目的是使颗粒团聚。团聚造粒所应用的技术取决于不同的因素，如粒度、热敏性、工艺条件、产品的物理和化学性质以及黏附原理（Dhanalakshmi et al.，2011）。用于团聚造粒的工艺主要分为：压力法（即挤压法）、翻滚/生长法和搅拌法（即倾斜旋转滚筒法）、热处理（即蒸汽喷射式滚筒干燥机）、喷雾技术（即喷雾干燥机）。此外，根据液体黏合剂在团聚造粒过程中的使用情况，团聚造粒可分为"湿法"和"干法"，一般湿法称为造粒法（Ennis，1996；Green，2007）。

7.2.1　颗粒间的结合力和附着力

团聚体的强度主要取决于颗粒之间的黏附力，对于成功的团聚造粒过程，颗粒之间的键强必须高于破坏力，以防止团聚产品在处理操作过程中崩塌。然而，这些力的大小取决于颗粒的大小、结构和含水量（Green，2007）。团聚造粒过程中主要涉及四种主要的键合机制，但在这个过程中可能应用不止一种的机制（图 7.1），它们是液体桥接力、固体桥联力、分子间力和分子内力以及机械联锁力（Barbosa-Canovas et al.，2005）。

7.2.1.1　液体桥接力

在非流动液体桥接力中，吸附层和高黏性组分的黏附力（颗粒与材料表面之间）和内聚力（同一材料的颗粒之间）通过以下机制促进颗粒之间的键合（Buffo et al.，2002）：

●当有足够的水时，细颗粒的表面出现一层薄而不流动的吸附层，这种薄膜减小了颗粒之间的距离，增加了连接区域，导致了液桥的形成。

●在高黏材料中，薄而不流动的薄膜产生的强键比流动液体层形成的键更强。

在团聚造粒过程中，由于界面力（表面张力）和毛细管力（吸力和压力）形成的流动液体桥接力对颗粒团聚起着重要的作用，可以在三种状态下获得颗粒（Green，2007；Simons，2007）：

●摆动状态：毛细管力将所有自由水吸引到颗粒之间的结合处，表面张力将颗

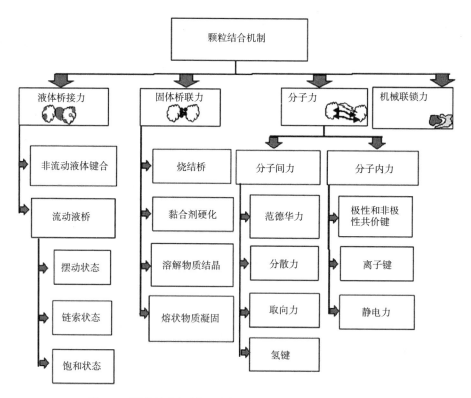

图 7.1 颗粒结合机制（引自 Barbosa-Canovas et al. 2005）

粒拉在一起并在颗粒的接触点形成透镜状的弧形液膜。

●链索状态：随着液体含量的增加，所有内部颗粒的表面都受到液体的限制，气液接触形成连续的网状结构，与透镜状环形的液膜合并形成链索状态。

●毛细管状态：在完全饱和状态下，所有孔隙都完全充满液体，团聚造粒产品达到毛细管状态。

7.2.1.2 固体桥联力

粉末之间的沉积材料可以形成固体桥联力，它们可能是由不同的机制形成的，如烧结桥、黏结剂的硬化、溶解物质的结晶、化学键和熔融组分的凝固（Buffo et al.，2002）。

●当使用高压和高温时，在颗粒之间的接触点处发生部分溶化，这导致颗粒与相邻的颗粒融合，从而产生固体桥联力。

●在较高的湿度或温度下（低于粉末的溶化温度），非晶态食品在颗粒之间形成固体桥联力，这与生长的烧结桥有关。

●团聚造粒过程中的干燥操作可以增加晶体颗粒间液桥内的固体含量，从而增加黏滞力，并通过干燥固化黏滞力桥得到黏弹性桥，形成固体桥联力。

●毛细冷凝是形成固体桥联力的另一种方式，在粉末压缩过程中，可能发生毛细冷凝，它在颗粒的接触点释放水分并在颗粒之间产生液体桥接力，这部分水可以溶解结晶物质，并且如果这种水在储存或干燥过程中蒸发，溶解物质会重结晶并在相邻颗粒之间形成固体桥联力。

●在脱水过程中，溶解物质的表面结晶可以形成固体桥联力。

●在脂肪食品粉末中，固体桥联力可以通过将粉末加热到接近熔化温度后冷却，通过脂肪的熔化和重结晶而形成，称为熔融团聚。

●在团聚造粒过程中使用的黏合材料（如淀粉溶液）可以作为黏合剂将颗粒黏在一起，在干燥过程中形成固体桥联力。

7.2.1.3　分子间力和分子内力

非常细小的颗粒可以通过分子间力和分子内力（静电力），在没有液体桥接力或固体桥联力的情况下相互连接，这些短程力对直径小于 1 μm 的颗粒非常有效（Feng et al.，2003；Green，2007）。

●分子间力代表分子之间存在的引力和斥力，统称为范德瓦耳斯力，它与不同的极化机制有关，由伦敦色散力、诱导力、取向力组成。只有当颗粒非常接近时，范德瓦尔斯力才是有效的，这种限制导致粉末颗粒总范德瓦耳斯力在微观水平上对表面结构表现出很高的灵敏度。

●分子内力存在于两个带相反电荷的离子之间，并发生在分子/物质内（极性和非极性共价键、离子键或静电力）。电子和离子从一个颗粒表面到另一个颗粒的交换是固体颗粒之间静电力的基础，具有大量净电荷的粉末颗粒可以通过静电力相互结合。然而，在粉末颗粒缺乏较多电荷的情况下，范德华力相对静电力占主导地位，可以通过与其他物质接触或使用外加电场使粉末带电。

7.2.1.4　机械联锁力

在混合或压缩操作过程中，形状相关的键或纤维状颗粒或编织材料的机械联锁力可以形成"形状闭锁"键，但是与其他结合力相比，它对团聚强度的贡献一般较小。

7.2.2　团聚颗粒强度

团聚造粒粉末的机械强度取决于将颗粒团聚在一起的所有力和化学键，是反映后续加工中应用潜力的一个重要特性。然而，鉴于其复杂性，建立了理论模型来确定团聚造粒颗粒的强度，常规单粒球形颗粒包装的抗拉强度可由一般公式（7.1）（Green，2007）计算：

$$ts = \left(\frac{9}{8}\right)\left[\frac{1-\varepsilon}{\pi d^2}\right]kF \qquad (7.1)$$

其中 ts、d、ε、k 和 F 是抗拉强度（kg/cm^2）、粒径（cm）、空隙或孔隙体积分数、配位数（一个颗粒与相邻颗粒的平均接触点数）以及由键合机制引起的颗粒接触点处的键合力（kg/kg）。配位数可以从公式（7.2）中计算（Tsubaki et al.，1984）。

$$k = \frac{\pi}{\varepsilon} \tag{7.2}$$

通常，粒径的增加和颗粒间距离的减小会导致所有键合力的增加。当颗粒之间的距离达到 1 μm 或更高时，范德瓦耳斯力几乎为零，而颗粒之间的距离对于液体桥接力的强度并不是那么关键。最后，随着颗粒间距离的增加超过 1 μm，静电力成为将颗粒结合在一起的主要力量（Barbosa-Canovas et al.，2005）。如果存在可用的水，团聚造粒材料产生的团聚强度取决于液体桥接力，否则取决于范德瓦耳斯力。此外，在湿团聚中，黏滞力决定团聚强度（Knight，2001），而且团聚体结构的强度与孔隙率成反比关系，然而正确的粒度分布可以使孔隙率实现最小化。在液体桥接力中：

● 对于摆动状态，抗拉强度可以用公式（7.3）计算（Green，2007）：

$$ts = 2.8\left(\frac{1-\varepsilon}{\varepsilon}\right)\frac{\sigma}{df(\delta)} \tag{7.3}$$

其中 σ 表示黏合剂材料的表面张力（N/cm），δ 是接触角（rad）。在这种情况下，团聚材料的抗拉强度大约是在毛细管状态下的抗拉强度的 1/3，而链索状态下的抗拉强度在摆动状态和毛细管状态之间。

● 毛细管状态下的抗拉强度可用公式（7.4）计算。

$$ts = 8.0\left(\frac{1-\varepsilon}{\varepsilon}\right)\frac{\sigma}{df(\delta)} \tag{7.4}$$

● 团聚体结构被完全浸润并且固体完全被液体填充时，$f(\delta) = 1$，并且抗拉强度值用公式（7.5）计算。

$$ts = c\left(\frac{1-\varepsilon}{\varepsilon}\right)\frac{\sigma}{x_{sv}} \tag{7.5}$$

其中 x_{sv} 是颗粒的表面当量直径（表面体积直径）（Barbosa-Canovas et al.，2005）。对于致密压力法团聚造粒的非金属粉末，可以使用公式（7.6）计算。

$$\lg p = m\frac{V}{V_s} + b \tag{7.6}$$

其中，p 是施加在粉盒上的压力，m 和 b 是常数，V 是施加压力下的粉盒体积，V_s 表示固体粉末的体积（无空隙）（Green，2007）。

7.2.3 黏合剂

在大多数食品团聚体中，黏合剂是提高团聚体强度所必需的。黏合剂是液体或干燥材料, 其黏合性能提供了必要的内聚力、毛细管力和黏滞力, 以将固体颗粒黏合在一起。在搅拌团聚过程中, 粒径增大速率和尺寸分布主要受黏合剂黏度的影响 (Knight, 2001)。黏合剂可以在干燥状态下与粉末和团聚造粒溶剂 (通常是水) 混合, 或先溶解在溶剂中, 然后加入粉末中。通常, 液体黏合剂在混合操作过程中通过泵或雾化喷洒到粉末上, 团聚体由于成核、凝聚和成层 (包层) 等不同机制而生长, 溶剂蒸发后, 颗粒黏在一起并形成大的团聚体。搅拌器提供剪切力来强化粉末, 并且在最终的凝固和干燥操作中形成强团聚体 (Tardos et al., 1997)。然而在一些情况下, 在团聚物配方中使用黏合剂和其他材料的组合, 例如助流剂、风味和味觉改良剂、润湿剂、乳化剂、抗氧化剂、食用色素、表面活性剂和产生 CO_2 (饮料) 的材料。在大多数情况下, 水在食品工业中很大程度上被用作黏合剂。团聚粉末的含水量对团聚体的质量有非常重要的影响, 高含水量和长时间的团聚过程会产生多孔颗粒, 而低含水量和长时间的团聚过程会导致高密度颗粒的形成, 高含水量对团聚材料的尺寸和孔隙率增加有积极影响 (Saravacos et al., 2002)。

在使用极低黏度黏合剂的团聚中, 与黏滞力相比, 表面张力占主导地位, 并且每个团聚体都有其特定的最佳水分含量。黏合剂的润湿性能与表面张力和接触角有关, 当接触角接近临界角90°时, 润湿性变得关键, 对于90°以上的接触角, 团聚体表现出尺寸分布范围较宽和强度极低等不良特征。然而, 为了改善润湿能力, 建议加入表面活性剂 (Knight, 2001)。除了水, 食品工业中还可以使用各种黏合剂, 如表 7.1 所示 (Barbosa-Canovas et al., 2005)。

表 7.1 造粒中使用的黏合剂

黏合剂	造粒技术	配方比例/%
淀粉	湿法混合	2~5
预糊化淀粉	湿法混合	2~5
预糊化淀粉	干法混合	5~10
海藻酸钠	湿法混合	1~3
明胶	湿法混合	1~3
海藻酸	干法混合	3~5
甲基纤维素	湿法混合	1~5
甲基纤维素	干法混合	5~10
羧甲基纤维素钠	湿法混合	1~5
羧甲基纤维素钠	干法混合	5~10
蔗糖	湿法混合	2~25
葡萄糖	湿法混合	2~25
山梨醇	湿法混合	2~10

黏合剂材料的物理和机械性能，如浓度、黏度、内聚力、黏附力、润湿性、黏合剂-颗粒相互作用、成膜性能和黏合剂在团聚体中的分布等，对黏合效率有重要影响。例如，高黏度的黏合剂（淀粉糊）会产生更易碎的团聚体，明胶或阿拉伯胶可以形成高硬度的团聚体，蔗糖产生硬而易碎的桥（Barbosa-Canovas et al.，2005）。

7.3 团聚造粒技术

团聚造粒的 3 种基本方法是压力团聚造粒法（即挤压法）、生长团聚造粒法（滚筒/搅拌方法）、喷雾技术（即喷雾干燥机）。此外，还有其他团聚造粒工艺，如蒸汽造粒、热黏附造粒和冻结造粒，如图 7.2 所示（Green，2007；Shanmugam，2015）。

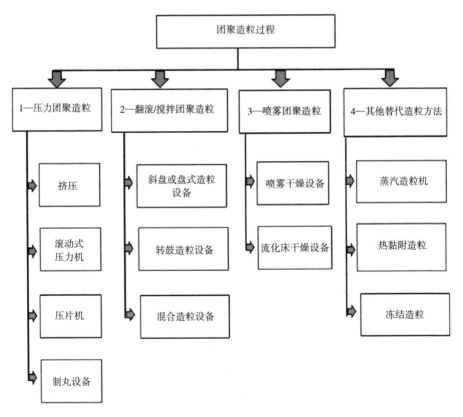

图 7.2 团聚造粒过程及设备（引自 Green 2007）

7.3.1　压力团聚造粒

在压实或压力下，将团聚压力施加于有限空间内的小颗粒系统上，然后将其成形和致密化，从而产生较大的黏性团聚体（Barbosa-Canovas，2005）。干法造粒技术的例子是辊压式和单轴向模具压制，由于压力干法造粒在干燥条件下进行，不需要液体黏合剂和干燥过程，因此是一种经济有效的方法，也是一种适合湿敏材料造粒的方法（Dhanalakshmi 等，2011），它广泛应用于巧克力、食糖、糖果、片剂、丸剂和面食加工。压力法通常分两步进行：在第一步中，施加压力会造成颗粒的强制重排和颗粒填充大的孔隙，而在第二步中，压力急剧上升，导致脆性颗粒的破碎和软颗粒的塑性变形，从而填充较小孔隙（Popescu et al.，2018）。

影响压缩或压实造粒过程的因素有：

（1）原料性质（形态、大小、结构、黏性、在压缩或固结过程中颗粒间成键的能力、水分含量）。

（2）外加压力的有效利用和传递。

（3）压实或压缩的持续时间。

（4）操作过程中粉末的温度。

压力造粒的优缺点见表 7.2。

表 7.2　压力造粒的优缺点

优点	缺点
提高团聚体强度	高能耗
形状、大小多样	物料处理能力低
提高产品密度	设备、工具易磨损
使用不能团聚的粉末	辅助工具成本高（压模和模具等）

然而，孔隙中的弹性回弹和压缩空气是限制压实速度和加工能力的两个主要原因，这两种现象可造成产品裂纹并降低造粒产品的强度，减少这些影响的一种方法是在释放压力之前保持一段时间（停留时间）的最大压力。压实团聚造粒可在各种设备中进行，如活塞或模压机、压片机、辊压机、挤压机和制粒设备（Green，2007；Barbosa-Canovas et al.，2005）。

压力团聚造粒可以在不同的压力水平上进行：

●低压和中压模式的特点是粒径均匀，产品通常是细长的意大利面状或圆柱体。通常，由细颗粒和黏合剂组成的黏性混合物通过孔、穿孔的模具和不同形状的筛网被挤压，因此压力和摩擦力会产生团聚造粒产品。常见的低、中压团聚造粒产品可通过不同的挤压机生产，在低压条件下使用筛网、篮式、柱模螺杆挤出机，而在中压条件下使用平模、柱模和啮合齿轮挤出机。

●高压团聚造粒的特点是团聚体致密度高、孔隙率低、强度高、呈枕形或杏仁形等，使用后处理方法或少量黏合剂可以进一步提高团聚体的强度。高压团聚造粒是一种可以团聚任何类型和大小的粉末（从纳米级到厘米级）的成功方法，它采用辊压机、成型辊压机和冲模压机进行高压团聚造粒。

7.3.1.1 挤压技术

挤压团聚造粒迫使粉末混合物（粉末、液体黏合剂、添加剂或分散剂）在低压下以特定速率流过模具（异形孔），然后进行干燥、冷却和破碎操作。其中原材料经过一定的剪切和热能，在通过模具压实的同时被固结（图 7.3）。原料的结构、化学和营养特性在挤压过程中发生变化，如淀粉糊化和香气形成。挤压团聚造粒可以产生大量具有不同大小、形状、质地和口味的团聚造粒食品，如意大利面、谷类食品、面包屑、婴儿食品、饼干、薄脆饼干、零食、口香糖、变性淀粉、汤料、维生素、香料胶囊、宠物食品和饮料粉混合物。此外，挤压还改变了团聚造粒产品的水溶性、溶胀性、持水性、吸水性、吸油指数和水合特性（Alam et al., 2015）。

7.3.1.2 辊压法

辊压团聚造粒设备是将原料粉末通过两个以相同的速度反向旋转的辊之间的间隙进行压制，辊压机的主要优点是材料用量少。团聚颗粒的大小和形状取决于轧辊表面的几何形状，在结构压辊中，圆筒（辊）表面的凹口或凹痕会产生卵形、枕形或泪滴形压块（图 7.3）（Green, 2007）。当光滑或波纹表面形成了实心板后，再通过研磨机粉碎到所需的尺寸。高速旋转增加了空气的释放，产生流化颗粒，并降低了团聚体的均匀性。因此，一般情况下转速保持在 $5 \sim 40$ r/min 之间。平滑辊压缩干燥粉末所需的压力在 $1 \times 10^5 \sim 1.4 \times 10^6$ kPa，而雾状粉末的压力在 $100 \sim 10000$ kPa。辊压成型受处理温度、原材料特性（尺寸、形状、尺寸分布和表面）、设备类型、黏合剂、团聚产品性能（含水量、硬度和脆性）等不同因素影响（Saravacos et al., 2002）。

7.3.1.3 压片机

压片机用于生产对重量、密度、厚度、强度、形状等规格要求严格的材料，压片机由灌装漏斗、上冲头、下冲头和模具组成。粉末从注液漏斗倒入模具并在两个活塞之间压缩（图 7.3），当活塞和模具可移动时，漏斗可以固定，或者当活塞和模具固定时，漏斗可从一个模具移动到另一个模具，然而，进料需要具有较高的流动性，以便在压缩过程之前均匀地填充模具，影响压片机的变量包括进料的流动性、黏合剂的类型和数量、成型片剂对活塞的黏附性以及在过程结束后片剂移除的难易度（Saravacos et al., 2002；Dhanalakshmi et al., 2011）。

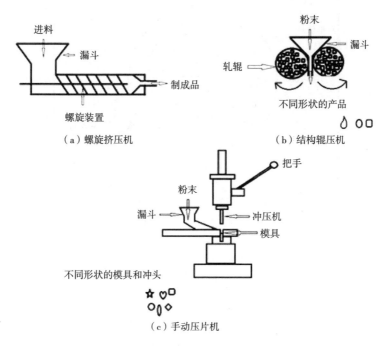

图 7.3　压力造粒设备（引自 Barbosa-Canovas et al.，2005）

7.3.1.4　球团法造粒

球团法造粒团聚单元通过将粉末颗粒压入和推动粉末通过不同形状的模具开口来将粉末颗粒结合在一起，用可调刀将棒状颗粒切割成所需长度（图 7.4）。然而，目前在使用的技术有许多种，其中两种最基本的造粒技术如下：

（1）旋转的叶片或轧辊将物料推过固定的筛网，原材料和团聚材料的类型是决定机器容量的因素，颗粒直径范围是 1 mm~5 cm。

（2）进料在穿孔圆筒之间被挤压，这些圆筒通常用来进行潮湿物料的造粒。无孔圆筒的反向旋转将进料压在穿孔圆筒之间，这种方法形成的颗粒直径通常大于 5 cm。

球团的质量和性能受进料特性（粒度、水分、耐磨性）、材料通过孔的阻力、进料在孔中的停留时间、黏合剂、团聚体大小、施加压力、模具特性的影响（Saravacos et al.，2002；Green，2007）。

7.3.1.5　压力法生产瞬时团聚体

在压力团聚法中，有两种技术可用于生产瞬时团聚体：

（1）压实/造粒技术：首先，用高压将干燥颗粒混合物压实，之后，将压缩的

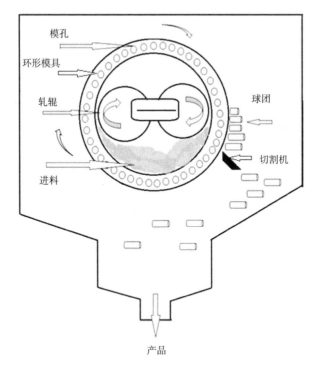

图 7.4　造粒设备（引自 Green，2007）

团聚体粉碎并筛选成所需尺寸的颗粒，无需其他操作，经这种操作处理后的产品密度很高。

（2）当无法采用压实/造粒技术时，使用挤压/粉碎技术。在这种方法中，干燥颗粒的混合物首先与液体黏合剂混合，然后在低压下挤压，最后干燥、冷却和粉碎。

在这些技术中，将颗粒结合在一起的主要机制是分子间（范德华）力或分子内（静电）力，而不是固体桥联力。当这些团聚体溶解在液体中时，这些短程分子力减少了大约 10 倍，团聚体可以快速分散在液体介质中，表现出团聚体的瞬时特性（Dhanalakshmi et al.，2011）。

7.3.2　滚筒/搅拌团聚（再润湿团聚）

当存在足量液体（黏合剂/溶剂）时，颗粒进行翻滚、振动、摇动或混合，并通过黏附形成湿颗粒团。湿法造粒过程由不同步骤组成：①润湿成核步骤；②生长聚结；③固结破碎阶段；④干燥阶段（Thapa et al.，2019）。在第一步中，干燥颗粒被液体黏合剂润湿并产生附着力，润湿粉末粘黏，形成小团聚体，即所谓的核。在生长和固结阶段，颗粒在设备中相互碰撞，通过聚结、成层（包层）或两者同时作用增加团聚体的大小和体积（De Simone et al.，2018），成层（包层）是指原料层沉积在形成的核的表面。在固结阶段，压实力（由压力或搅拌产生）固结颗粒，影响颗粒的孔隙率、分散性和强度。由于较弱键的断裂、聚结及磨损转移导致的重聚，可能使产品易破碎。然而，所有这些过程的同时相互作用使这个操作变得复杂。最后，干燥阶段将润湿相与颗粒分离，增加产品的强度和稳定性。然而，由于小颗粒中的配位点很少，细小粉末很难形成稳定的核。此外，粉末和小核的动能不足以改善接触点的键合。因此，可以将低于正常尺寸的细颗粒再循环以产生合适的核，便于进料与它们相黏附（Barbosa-Canovas et al.，2005）。

最常用的设备类型是旋转滚筒、圆片、盘和任何粉末搅拌器。在旋转团聚中，粉末的滚动是该过程的基础，旋转壁将进料卷起、落下并再次向上滚动，一些设备的振动倾斜床也可以使颗粒滚动。但是，在搅拌工艺中，与原料接触是其扩大的主要原因。影响滚筒和搅拌造粒的因素包括：黏合剂的类型和用量、黏合剂液滴和干粉的大小、液体黏合剂和干燥颗粒的温度以及黏合剂和粉末的添加位置（Saravacos et al.，2002）。尽管上述所有过程中，表面张力和毛细作用力都临时成键，形成不牢固的团聚体（不成熟的团聚体），仍可通过干燥、加热、冷却、筛分等后续处理来提高这些团聚体的强度，通过粉碎，重筛分和尺寸不足的产品再循环，来改善产品的性能（Barbosa- Canovas et al.，2005）。

7.3.2.1　倾斜盘式或碟片设备

倾斜盘或碟片绕其倾斜轴旋转，干粉和黏合剂在设备的上部进料，液体黏合剂连续喷涂在产品上。为了确保正确的翻滚操作，盘或碟片的内表面必须是粗糙的（图 7.5）。离开设备的团聚物为尺寸相同的球形，直径在 0.5~2 mm 之间。对于大多数应用，盘的倾斜角最好在 45°~55°（0.78~0.96 rad）的范围内进行调整，食品工业中最大的圆盘直径为 2~3 m。盘倾斜角、转速、干粉添加量和液体黏结剂的位置以及 D/h 比（D 和 h 分别为盘的直径和盘的边缘）均影响着盘的团聚效率，D/h 的比值一般范围为 0.08~0.5（Saravacos et al.，2002）。

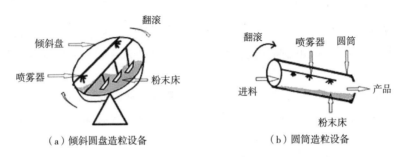

（a）倾斜圆盘造粒设备　　（b）圆筒造粒设备

图 7.5　滚筒/生长造粒设备（引自 Saravacos 和 Kostaropoulos，2002）

7.3.2.2 转筒设备

转筒造粒机的工作原理类似于盘式造粒机，但所得产品的均匀性不同，颗粒的尺寸不同，因此需要对产品进行筛分，将细小团聚体送至转筒以达到所需的粒度。在这种方法下，倾斜的圆柱体以最大约 0.175 rad（10°）的角度旋转（图 7.5）。可以在各种搅拌器中将进料润湿以形成球核，然后将其传递到滚筒中，或者可以将液体黏合剂直接喷洒在转筒造粒机中滚动的产品上。转筒的长径比（L/D）通常为 2~5（L=转筒长度，D=转筒直径）（Saravacos et al.，2002）。

7.3.2.3 搅拌设备

团聚体可以利用多种类型的卧式或立式搅拌机，通过剪切加工形成，例如行星式搅拌器、螺旋式搅拌机、Z 型叶片装置、搅拌系统、高速强力搅拌机、混砂机、角桨和犁（Dhanalakshmi et al.，2011）。团聚体的尺寸受液体黏合剂的用量、混合强度和混合时间的影响。与翻滚法相比，强力搅拌机对粉末产生摩擦和剪切作用，有助于产生强度更高的团聚体。旋转搅拌器中的产品经过机械流态化处理，减少了工艺时间。

桨叶、棒和杆连接在桨叶搅拌器内的一个或多个轴上，例如，双轴桨式团聚造粒器包含两个在一个桶中以相反的方向旋转的轴，1 min 内即可完成造粒。另外，这些设备并不依赖于团聚体的大小和密度（Green，2007；Saravacos et al.，2002）。

犁式搅拌机由一个圆柱形桶和一个转速为 60~800 r/min 的单轴组成，此外还有一些刮刀附着在圆柱桶壁上，以减少搅拌过程中产生的结块（特别是对于高水分含量的产品）。这些刮刀以超过 3000 r/min 的转速垂直旋转，在 1~4 min 即可完成造粒。因此具有广泛的应用，可以产生 1~1000 μm 的团聚体。

鲁伯格（Ruberg）搅拌机（两个螺旋）由两个相连的圆筒和两个大型螺旋搅拌器组成，借助第一根轴，进料到达设备的下部，然后在第一缸的壁面上螺旋向上移动，再沿第二轴向下移动，再次在第二缸的壁面向上移动。物料在两个圆筒之间逆流移动，造粒持续时间长达 3 min。其主要优点是搅拌温和以及结构简单（Saravacos et al.，2002）。

低速搅拌器属于分批式操作，是锥形行星式搅拌器，被设计用于控制产品温度的双壁搅拌器。缓慢移动的搅拌器滚动进料，造粒在 20~40 min 内完成，是一种分批式的操作。

振动造粒是一个连续的过程，进料分布在配有一些障碍物的振动床上。小的团聚体因振动越过障碍物，到达下一个障碍物，经过前几次翻滚，不断变大，并离开振动床。

7.3.2.4 非加压技术生产瞬时团聚体

速溶化的主要目的是改善干燥团聚体冲调的速度和完整性，在许多情况下，速溶化过程优先选择机械搅拌（搅拌器）或气体搅拌（流化床）等搅拌方法，将细粉保持在流化状态。复湿造粒技术可以获得具有良好再分散性能的产物。

常见步骤有：

● 利用蒸汽、雾化液体黏合剂或两者的组合，重新润湿粉末表面；
● 湍流导致颗粒碰撞，形成产生团块的液体桥接力和固体桥联力；
● 热风干燥（通过搅拌机或流化装置）；
● 冷却和筛分。

在食品工业中，水通常用作黏合剂，但对于水不溶性粉末，可以使用特殊黏合剂，除水之外，糖、淀粉、糖蜜、明胶、阿拉伯胶和麦芽糊精溶液也可用作食品黏合剂。为了改善润湿过程，黏合剂液滴尺寸必须等于或小于粉末颗粒。

此外，表面技术也可用于重润湿方法，其中粉末从振动给料机，倒在旋转的圆盘上，当粉末从转盘上落下时，通过注入湿蒸汽或喷洒黏合剂到粉末流中使其湿润。对于高吸湿性的产品（咖啡、咖啡替代品），圆盘以高速（500~1200 r/min）旋转，而对于低吸湿性的产品，其速度为 20~50 r/min（Barbosa-Canovas et al.，2005）。

7.3.3　喷雾造粒

喷雾方法可用于细小粉末颗粒的造粒，从根本上说，流体状态的固体进料（溶液、浆料、乳液）分散在气流中，并通过热量或质量传递转化为团聚产物。团聚体的最大直径为 5 mm，喷雾干燥和流化床团聚是工业上最常用的团聚技术。

7.3.3.1　喷雾干燥

料液悬浮在干燥室的空气中，在短时间内干燥，这一过程分为 3 个步骤：①雾化步骤；②混合和接触步骤（料液和空气）；③从气流中分离产物。雾化可以通过旋转轮（离心盘）、压力喷嘴（单流体）或气动喷嘴（双流体）来进行。在此过程中，水分从料液表面蒸发，黏度逐渐增加，并在一定的临界值下，颗粒表面呈现黏性状态，黏性颗粒相互碰撞产生团聚物。表面黏性受温度、水分含量和进料成分（碳水化合物）的影响。此外，颗粒之间的接触角和接触时间、作用力和接触速度都会影响团聚体的形成（Gianfrancesco et al.，2008）。团聚体大小是雾化条件（圆盘速度、喷嘴大小）、固体含量、进料速率、进料密度和黏度的函数，增加黏度和进料速率以及黏合剂的存在量可以增加产品的粒径（Green，2007）。

7.3.3.2　流化床团聚

在这种方法中，粉末颗粒被设备底部吹出的预热空气流态化，黏合剂从腔室顶部、底部和侧面喷射到分散的颗粒上，顶部喷雾、底部喷雾、切线喷雾、Wurster涂料器（循环流化床造粒机）和喷动床是最常用的造粒设备（Thapa et al.，

2019）。颗粒生长可能有两种机制：①固体在单个颗粒上包层；②几个颗粒团聚形成更大的颗粒。由于颗粒上有多个沉积层，团聚产物的尺寸大于喷雾干燥机产生的尺寸（Green，2007）。流化床干燥的造粒受黏合剂速率和液滴大小、气流速度、床高和温度等因素的影响。当操作空气速度（u）在 1.5 $u_m < u < u_p$ 范围内时，就达到流态化，其中 u_m 为最小气流速度，u_p 为气动传送颗粒时的气流速度，使颗粒床流态化所需的气流速度 u（m/s）可由式（7.7）计算（Saravacos et al.，2002）。

$$u = \left[\frac{(\rho_s - \rho) g}{\eta} \right] [(d^2 \varepsilon^3)(180(1 - \varepsilon))] \tag{7.7}$$

其中 ρ_s，ρ，g，η，d 和 ε 分别为颗粒密度（kg/m³）、空气密度（kg/m³）、重力加速度（m/s²）、流体黏度（Pa·s）、颗粒直径（m）、床层孔隙度。

7.3.4 备选造粒方法
7.3.4.1 蒸汽造粒

在蒸汽喷射造粒过程中，粉末颗粒被水蒸气润湿，用来代替传统的液体黏合剂。在润湿区碰撞过程中，润湿粉末表面的黏性层形成团聚体。此外，如果干燥的进料颗粒在进入蒸汽喷射设备之前，通过范德华力黏合形成团聚体，这些干燥的团聚体也会像干燥的细小粉末颗粒一样，吸收水分从而增大强度（Dhanalakshmi et al.，2011）。另外，当蒸汽凝结时，颗粒上形成一层热而薄的水层，通过额外干燥可以很容易地消除。干燥步骤使液桥中的可溶性物质结晶并产生固体桥联力，该方法能生产比表面积高的球形颗粒，与传统的湿法造粒方法相比，具有更高的溶解速率（速溶性）。

7.3.4.2 热黏附团聚

在该技术中，将干粉与少量造粒液（黏合剂、水）的混合物在滚筒旋转下加热（30~130℃），形成湿团聚体，冷却后生成干团聚体（Shanmugam，2015）。如果使用的液体量较少，则不需要昂贵的干燥步骤，该技术简单，可改善产品的流动性能、抗拉强度和硬度。

7.3.4.3 冻结造粒

在这种方法中，粉末悬浮液被喷入液氮中，液滴立即冻结成颗粒，之后冷冻颗粒在冷冻干燥机中干燥，冰从颗粒中升华，产生孔隙率高、均匀性高和速溶性好的产品，如速溶咖啡、茶叶提取物和果汁。

7.4 造粒过程的选择准则

选择合适的造粒工艺、优化操作、改进功能和降低产品成本的主要准则是依据原料性能、团聚产品的性质以及方法，决定原料性质的参数有粉末性质（粒度和粒度分布、密度、形状、孔隙率、表面积、粗糙度），体积属性（堆积密度、流动性质），质构属性（脆性），流变性质（流动性、弹性、可塑性、表面张力）、粉末含水量、润湿性、理化性质、表面特性、几何形状等（Barbosa-Canovas et al.，2005）。主要的产品变量是团聚体的形状、粒径和粒径分布、孔隙率、密度（堆积和颗粒）流动性和团聚体的强度，技术准则是分批/连续工艺、处理量、湿法/干法、施加压力、搅拌、干燥、流化、剪切或冲击速率、温度和停留时间。此外，在选择造粒方法和设备时，必须考虑经济标准，如设备成本、能源消耗、黏合剂成本（Saravacos et al.，2002）。

7.4.1　原料特性

7.4.1.1　粒径和粒径分布

将颗粒物料视为粉末时，其中值粒度应小于 1 mm，粒度和粒度分布对粉末的堆积密度、流动性和压缩性等多种性能有重要影响，粒度测量的一般方法是筛分、显微镜计数技术、沉降和流式扫描（Dhanalakshmi et al.，2011）。通常，基于聚结的生长团聚更适合于几百微米大小的细小粉末，然而，对于较大的粉末，必须使用足够多的黏合剂或存在足够数量的小颗粒才能产生种子团聚体。在这种情况下，团聚体的强度与较大颗粒中嵌入细小粉末所产生的基体有关，对于高达 20~30 mm 的颗粒，首选压力团聚法（Barbosa-Canovas et al.，2005）。粒度分布对工艺有重要影响，因为单一粒度或窄粒度分布的颗粒团聚很难聚集，此外，较大颗粒在生长团聚过程的粉碎有助于产生孔隙率较高的产品。

7.4.1.2　水分含量

●在生长团聚过程中，游离水通过聚结将颗粒结合在一起，从而使黏合剂体积限制在预期团聚体孔隙率的95%以下。

●湿法团聚对水分含量敏感性很高，当水分高于临界水平，整个产品具有泥浆般的稠度。

●在流化床团聚中，水分仅是可为原料赋予泵送性所必需的。

●在压力团聚中，水分含量必须很低，因为水是不可压缩的成分，压缩力只会导致固体原料的破碎和变形。因此，过量的水会残留在压实产物中并降低团聚强度。

7.4.1.3　材料特性

●粉末的化学特性对团聚过程具有重要意义，根据化学特性，颗粒可以通过化学键结合在一起，由于颗粒特性，在生长团聚时，可能需要避免加水或其他液体。

●颗粒的密度是团聚必须考虑的另一个特性，它可以确定可能与聚结相抵消的场力。

●进料的质构（脆性）和流变（弹性、塑性）特性是选择压力团聚的重要标准。

●然而，必须特别注意团聚技术的润湿性，其中的表面张力和毛细管力是团聚体形成的重要参数。

7.4.2 团聚产品的特性

●评价团聚产品质量和操作性能的基本参数之一是颗粒粒径，在不同的粒度测定方法中，筛分法由于其简单性常作为首选。许多团聚体的大小约为 1 mm（Barbosa-Canovas et al.，2005），在团聚过程后，通过筛选分离粒度较小团聚体和粒度过大的团聚体，来缩小产品的粒度分布。粒度过小的产品被再循环到造粒机中，而粒径过大的产品被粉碎到所需的粒度。

●一般情况下，对球形团聚体的需求多于其他形状。通过生长团聚方法可以成功形成球形产物，而高压团聚不能产生球形团聚体。但是，通过压片设备可以产生近似球形的形状，如枕形、透镜形或杏仁形的压块。

●团聚产物的流动特性受表面性质、形状、粒度分布和力（重力、附着力、内聚力）的影响（Dhanalakshmi et al.，2011），几乎所有的团聚技术都可以产生自由流动或无尘的团聚体。

7.4.3 方法特点

根据特殊要求，可优先采用分批或连续团聚工艺。一般情况下，分批工艺的生产能力低于连续工艺，但分批式设备的操作控制优于连续过程。此外，还可以基于湿法（生长团聚）或干法（高压团聚）操作选择造粒方法。另外，其他处理可以与造粒同时进行，如混合、干燥和流化或它们的组合。最后，剪切速率、温度、停留时间和冲击频率是选择团聚造粒技术需要考虑的其他技术标准。

7.5 速溶化过程

在食品工业中，"速溶"一词通常被描述为食品粉末的分散和溶解属性，如牛奶、茶、汤、咖啡、调味品、淀粉、糖、糊精、干布丁混合物、可可、婴儿食品和果汁等。速溶化过程将产生具有"瞬时"特性的产品，这意味着与其原始粉末相比，该食品粉末溶解更快，且更易于溶解（Barbosa-Canovas et al.，2005），速溶化过程可分为团聚和非团聚两类。

7.5.1 团聚过程

前面讨论了不同的团聚过程，通过压力团聚、再润湿团聚和喷雾干燥方法，可以获得具有速溶性能的产品。

7.5.2 非团聚过程

用于生产速溶粉末的非团聚过程，如冷冻干燥、无定形食品的热处理、渗透和滚筒干燥、产品脂肪的分离或添加一些添加剂（卵磷脂）（Barbosa-Canovas et al.，2005）。

●冷冻干燥：在冷冻干燥过程中，产品中的冰晶升华，产生具有高孔隙度和开孔结构的颗粒，从而提高了吸水性。

●渗透干燥：通过这种方法，食物颗粒浸入渗透液中，由于渗透压的作用，颗粒内部的水被转移到溶液中。之后，这些部分脱水的产品进行最终干燥，这种组合方法生产的产品具有开孔结构和良好的重构性能。

7.5.3 速溶性能

在食品粉末的功能特性中，复水和重构具有特殊的重要性。当速溶粉末颗粒扩散到液体或水的表面时，可以根据润湿、沉降、分散和溶解四个步骤来确定其重构或溶解性能。

7.5.3.1 润湿性

润湿是食品粉末重构的第一步，同时也是速度控制阶段。它是由于产品中孔隙的毛细吸力而在颗粒表面吸收液体，使颗粒湿润从而引发重构。只有颗粒克服粉末颗粒与液体之间的表面张力，液体才能渗透到颗粒中（Fang et al.，2007）。润湿性能主要取决于粒度和颗粒表面的性质。小颗粒较大的比表面积导致粉末颗粒无法单独润湿，从而产生不理想的团块结构。此外，当游离脂肪存在于颗粒表面时，润湿性降低。然而，在脂肪粉末中使用一些活性剂（卵磷脂）可以改善润湿性能（Barbosa-Canovas et al.，2005）。润湿性良好的理想条件是：

●大颗粒

●颗粒之间的大孔

●高孔隙率（低于临界孔隙率）

●接触角小

7.5.3.2 沉降性

沉降性是指粉末被润湿后，会落到液体表面以下。在这一阶段，每个颗粒周围的空气被液相取代，并使颗粒迅速下沉到液体中。沉降性随着粒度和密度的增加而增加，颗粒密度越大，颗粒内空气含量越少，颗粒沉降速率越快（Fang et al.，2007）。

7.5.3.3 分散性

粉末颗粒被润湿并沉降后，它们将开始以单颗粒的形式分布在液体表面，即分散性（Barbosa- Canovas et al.，2005）。增加颗粒大小和沉降性并减少细小颗粒的百分比，可提高分散性，具有高孔隙率和密度的颗粒也可提高产品的分散性，然而，团块的形成会降低分散性（Fang et al.，2007）。

7.5.3.4 溶解性

溶解是食品粉末重构过程的最后阶段，是指可溶性粉末在液体中的溶解，一般与粉末的化学成分和物理状态有关。如前所述，分散性是指颗粒分布的难易程度，而溶解度则是指溶解的速率和程度（Dhanalakshmi et al.，2011）。

7.6 多孔粉末

由于多孔粉末具有一些重要的特性，例如高比表面积、高孔隙率、稳定均匀多孔结构、较大的孔隙和表面性能好，所以近些年得到快速发展（Zhou et al.，2017）。由于其多方面的特性，在药物和食品应用中被用作有效的载体剂。因其孔径大小不同而不同，可分为大孔（直径>50 nm）、介孔（2 nm<直径<50 nm）和微孔（直径<2 nm）。Zhou（2017）等发表的综述论文很好地总结了多孔颗粒的生产方法和应用，关于多孔粉末的生产及其应用已有一些研究：多孔硅（Salonen et al.，2005）、多孔二氧化硅（Tanimura et al.，2015；Yan et al.，2015）、多孔甘露醇（Saffari et al.，2016；Leung et al.，2017）、多孔乳糖（Ebrahimi et al.，2015，2017）、多孔淀粉（Belingheri et al.，2012；Zhang et al.，2012）、多孔壳聚糖（Li et al.，2017）。淀粉广泛应用于工业，特别是食品工业中，可用作增稠剂、稳定剂、胶凝剂等。一般来说，这些类型的淀粉被称为天然淀粉，它们经过加热并冷却后，可产生有黏性的、稀薄的、橡胶状的糊状物（Dura et al.，2014）。由于多孔淀粉比天然淀粉和改性淀粉具有更好的吸附能力，在食品、医药、农业、化妆品等行业中得到了广泛的应用（Zhang et al.，2012）。这些淀粉被用作调味料、保护敏感物质（例如油、色素、矿物质、维生素、生物活性脂质）和食品工业中甜味剂和风味物质的载体（Benavent-Gil et al.，2017），也可以用于封装某些生物材料，使其免受环境条件影响和可控释放（Glenn et al.，2010）。利用丰富的孔隙增加淀粉的比表面积，使其成为优良的天然吸附剂（Benavent-Gil et al.，2017）。多孔淀粉可以使用物理、化学和生物方法生产，据报道，超声和酶处理为最常用的方法。

酶法是生产微孔淀粉最常用的方法（Wu et al.，2011），酶法修饰的优点是产率高、副产物少、特异性更强、对过程的控制更好。为了改变淀粉结构并实现所需的功能，可以使用多种酶，如 α-淀粉酶、β-淀粉酶、葡萄糖淀粉酶、普鲁兰酶和异淀粉酶（Dura et al.，2014）。Benavent-Gil 和 Rosell（2017）指出，利用不同的酶和酶浓度可以改变多孔淀粉的性质，如孔径分布和孔隙面积。此外，可以利用乙醇/水混合物作为溶剂，代替冷冻淀粉凝胶中的冰晶来进行淀粉改性，多孔淀粉的孔径大小随着乙醇/水比例的变化而改变。另外，通过调整冷冻循环次数和淀粉糊浓度，可根据需要调整多孔淀粉的孔隙率（Chang et al.，2012）。由于多孔淀粉在敏感功能成分和风味化合物的胶囊化中有一些应用，因此它在实际食品体系中表现较好。这些研究还应从生物可接受率和生物利用度的角度分析证明，从而更好地理解多孔淀粉的优缺点。

在有限的研究中，多孔乳糖也有一席之地。Ebrahimi 等（2015）利用糖作为模板剂生产多孔乳糖，在他们的另一项研究中，多孔乳糖作为一种新型生物相容的多孔载体被用于提高疏水药物的溶解速率（Ebrahimi et al.，2017），该研究可应用于食品工业中疏水功能化合物的胶囊化，以提高其溶解速率。

7.7　结论

食品粉末作为中间产品和最终产品广泛用于食品工业，它们的溶解度、流动性、表面特性、密度、压缩性、水合作用和粒径特性决定了它们在配方中的使用范围和用量，这些物理化学性质可以通过粉末的改性来改善。尺寸放大操作，特别是团聚造粒，在食品粉末行业应用广泛，它可用于控制粉末的性能（孔隙率、传热速率、溶解度），减少粉尘或产品损失，改善粉末的运输和储存性能。此外，团聚还能显著改善粉末的流动性、分散性和溶解性，使产品的剂量和组成均匀。粉末颗粒、团聚体的性质和工艺直接影响设备的选择、储存能力和配方，食品工业中许多产品如速溶咖啡、果汁饮料、淀粉、奶粉、汤粉和布丁粉、糖、可可粉、茶、面粉等的可重构性均可通过团聚造粒工艺来提高。挤压团聚造粒法在粮食工业中得到了广泛的应用，生产出形状各异的即食早餐谷物。通过上述描述可明显看出，团聚对食品、药品、洗涤剂、农业、保健品、化妆品和矿物工业中粉末颗粒的改性有很大的影响。淀粉和乳糖等粉末的表面积增加，可以为其应用于生物活性物质和风味化合物的胶囊化提供条件，从而防止这些物质受温度、pH 值和光等环境条件的影响，并控制其释放或溶解。这种多孔粉末在食品工业中的应用是一个相当新的课题，需要在实际食品系统中进行深入研究。

参考文献

Aguilar-Palazuelos, E. , Zazueta-Morales, J. D. J. , Harumi, E. N. , & Martínez-Bustos, F. (2012) . Optimization of extrusion process for production of nutritious pellets. Food Science and Technology, 32 (1) , 34-42. https: //doi. org/10. 1590/s0101-20612012005000005.

Alam, M. S. , Kaur, J. , Khaira, H. , & Gupta, K. (2015) . Extrusion and extruded products: Changes in quality attributes as affected by extrusion process parameters: A review. Critical Reviews in Food Science and Nutrition, 56 (3) , 445-473. https: //doi. org/10. 1080/10408398. 2013. 779568.

Augsburger, L. L. , & Hoag, S. W. (2008) . Pharmaceutical dosage forms - tablets. Boca Raton: CRC Press. https: //doi. org/10. 3109/9781420020304.

Barbosa-Canovas, G. V. , Ortega-Rivas, E. , Juliano, P. , & Yan, H. (2005) . Food powders: Physical properties, processing, and functionality, Food Engineering Series. New York: Kluwer Academic/Plenum Publishers.

Belingheri, C. , Curti, E. , Ferrillo, A. , & Vittadini, E. (2012) . Evaluation of porous starch as a flavour carrier. Food & Function, 3 (3) , 255-261. https: //doi. org/ 10. 1039/c1fo10184f.

Benavent-Gil, Y. , & Rosell, C. M. (2017) . Comparison of porous starches obtained from different enzyme types and levels. Carbohydrate Polymers, 157, 533-540. https: //doi. org/10. 1016/j. carbpol. 2016. 10. 047.

Buffo, R. A. , Probst, K. , Zehentbauer, G. , Luo, Z. , & Reineccius, G. A. (2002) . Effects of agglomeration on the properties of spray-dried encapsulated flavours. Flavour and Fragrance Journal, 17 (4) , 292-299. https: //doi. org/10. 1002/ffj. 1098.

Chang, P. R. , Qian, D. , Anderson, D. P. and Ma, X. (2012) Preparation and properties of the succinic ester of porous starch, Carbohydrate Polymer, 88 (2) , pp. 604-608, https: //doi. org/10. 1016/j. carbpol. 2012. 01. 001

De Simone, V. , Caccavo, D. , Dalmoro, A. , Lamberti, G. , d'Amore, M. , & Barba, A. A. (2018) . Inside the phenomenological aspects of wet granulation: Role of process parameters. Granularity in Materials Science. https: //doi. org/10. 5772/intechopen. 79840.

Dhanalakshmi, K. , Ghosal, S. , & Bhattacharya, S. (2011) . Agglomeration of food powder and applications. Critical Reviews in Food Science and Nutrition, 432 (441), 51.

Dura, A., Błaszczak, W., & Rosell, C. M. (2014). Functionality of porous starch obtained by amylase or amyloglucosidase treatments. Carbohydrate Polymers, 101, 837–845. https://doi. org/10. 1016/j. carbpol. 2013. 10. 013.

Ebrahimi, A., Saffari, M., & Langrish, T. (2015). Spray drying and post-processing production of highly-porous lactose particles using sugars as templating agents. Powder Technology, 283, 171 – 177. https://doi. org/10. 1016/j. powtec. 2015. 05. 026.

Ebrahimi, A., Saffari, M., & Langrish, T. (2017). Improving the dissolution rate of hydrophobic drugs through encapsulation in porous lactose as a new biocompatible porous carrier. International Journal of Pharmaceutics, 521 (1–2), 204–213. https://doi. org/10. 1016/j. ijpharm. 2017. 02. 052.

Ennis, B. J. (1996). Agglomeration and size enlargement session summary paper. Powder Technology, 88 (3), 203 – 225. https://doi. org/10. 1016/s0032 – 5910 (96) 03124–5.

Fang, Y., Selomulya, C., & Chen, X. D. (2007). On measurement of food powder reconstitution properties. Drying Technology, 26 (1), 3–14. https://doi. org/ 10. 1080/07373930701780928.

Feng, J. Q., & Hays, D. A. (2003). Relative importance of electrostatic forces on powder particles. Powder Technology, 135–136, 65–75. https://doi. org/10. 1016/ j. powtec. 2003. 08. 005.

Gianfrancesco, A., Turchiuli, C., & Dumoulin, E. (2008). Powder agglomeration during the spray-drying process: Measurements of air properties. Dairy Science & Technology, 88 (1), 53–64. https://doi. org/10. 1051/dst: 2007008.

Glenn, G. M., Klamczynski, A. P., Woods, D. F., Chiou, B., Orts, W. J., & Imam, S. H. (2010). Encapsulation of plant oils in porous starch microspheres. Journal of Agricultural and Food Chemistry, 58 (7), 4180 – 4184. https://doi. org/ 10. 1021/jf9037826.

Green, D. W. (2007). Perry's chemical engineers' handbook. New York: McGraw-Hill.

Knight, P. C. (2001). Structuring agglomerated products for improved performance. Powder Technology, 119 (1), 14–25. https://doi. org/10. 1016/s0032 – 5910 (01) 00400–4.

Kundu, K., Chatterjee, A., Bhattacharyya, T., Roy, M., & Kaur, A. (2017). Thermochemical conversion of biomass to bioenergy: A review. Prospects of Alternative Transportation Fuels, 235 – 268. https://doi.org/10.1007/978 – 981 – 10 – 7518 – 6_11.

Leung, S. S. Y., Wong, J., Guerra, H. V., Samnick, K., Prud'homme, R. K., & Chan, H. -K. (2017). Porous mannitol carrier for pulmonary delivery of cyclosporine a nanoparticles. The AAPS Journal, 19 (2), 578 – 586. https://doi.org/10.1208/s12248-016-0039-3.

Li, J., Wu, X., Wu, Y., Tang, Z., Sun, X., Pan, M., Chen, Y., Li, J., Xiao, R., Wang, Z., & Liu, H. (2017). Porous chitosan microspheres for application as quick in vitro and invivo hemostat. Materials Science and Engineering: C, 77, 411 – 419. https://doi.org/10.1016/j. msec. 2017. 03. 276.

Popescu, I. N., &Vidu, R. (2018). Densification mechanism, elastic – plastic deformations and stress–strain relations of compacted metal–ceramic powder mixtures (review). Scientific Bulletin of Valahia University–Materials and Mechanics, 16 (14), 7 – 12. https://doi.org/10.1515/ bsmm–2018–0001.

Reid, R. C. (1974). In R. H. Perry, C. H. Chilton, & S. D. Kirkpatrick (Eds.), Chemical engineers' handbook (2nd ed.). New York: McGraw – Hill. https://doi.org/10.1002/aic. 690200140.

Saffari, M., Ebrahimi, A., & Langrish, T. (2016). A novel formulation for solubility and content uniformity enhancement of poorly water–soluble drugs using highly–porous mannitol. European Journal of Pharmaceutical Sciences, 83, 52 – 61. https://doi.org/10.1016/j. ejps. 2015. 12. 016.

Salonen, J., Laitinen, L., Kaukonen, A. M., Tuura, J., Björkqvist, M., Heikkilä, T., Vähä–Heikkilä, K., Hirvonen, J., & Lehto, V. -P. (2005). Mesoporous silicon microparticles for oral drug delivery: Loading and release of five model drugs. Journal of Controlled Release, 108 (2 – 3), 362 – 374. https://doi.org/10.1016/j. jconrel. 2005. 08. 017.

Saravacos, G. D., & Kostaropoulos, A. E. (2002). Handbook of food processing equipment. Food Engineering Series. https://doi.org/10.1007/978–1–4615–0725–3.

Shanmugam, S. (2015). Granulation techniques and technologies: Recent progresses. BioImpacts: BI, 5 (1), 55–63. https://pubmed. ncbi. nlm. nih. gov/25901297.

Simons, S. J. R. (2007). Liquid bridges in granules, in granulation. In Handbook of powder technology (Vol. 11). Amsterdam: Elsevier.

Tanimura, S. , Tahara, K. , & Takeuchi, H. (2015) . Spray-dried composite particles of erythritol and porous silica for orally disintegrating tablets prepared by direct tableting. Powder Technology, 286, 444-450. https：//doi. org/10. 1016/j. powtec. 2015. 08. 011.

Tardos, G. I. , Khan, M. I. , & Mort, P. R. (1997) . Critical parameters and limiting conditions in binder granulation of fine powders. Powder Technology, 94 (3), 245-258. https：//doi. org/10. 1016/s0032-5910 (97) 03321-4.

Thapa, P. , Tripathi, J. , & Jeong, S. H. (2019) . Recent trends and future perspective of pharmaceutical wet granulation for better process understanding and product development. Powder Technology, 344, 864-882. https：//doi. org/10. 1016/j. powtec. 2018. 12. 080.

Tsubaki, J. , & Jimbo, G. (1984) . Theoretical analysis of the tensile strength of a powder bed. Powder Technology, 37 (1), 219-227. https：//doi. org/10. 1016/0032-5910 (84) 80019-4.

Wu, Y. , Du, X. , Ge, H. , & Lv, Z. (2011) . Preparation of microporous starch by glucoamylase and ultrasound. Starch - Stärke, 63 (4), 217-225. https：//doi. org/10. 1002/star. 201000036.

Yan, H. , Sun, E. , Cui, L. , Jia, X. , & Jin, X. (2015) . Improvement in oral bioavailability and dissolution of tanshinone IIA by preparation of solid dispersions with porous silica. The Journal of Pharmacy and Pharmacology, 67 (9), 1207-1214. https：//doi. org/10. 1111/jphp. 12423.

Zhang, B. , Cui, D. , Liu, M. , Gong, H. , Huang, Y. , & Han, F. (2012) . Corn porous starch：Preparation, characterization and adsorption property. International Journal of Biological Macromolecules, 50 (1), 250-256. https：//doi. org/10. 1016/j. ijbiomac. 2011. 11. 002.

Zhou, M. , Shen, L. , Lin, X. , Hong, Y. , & Feng, Y. (2017) . Design and pharmaceutical applications of porous particles. Royal Society of Chemistry (RSC), 7 (63), 39490-39501. https：//doi. org/10. 1039/c7ra06829h.

第8章 果渣粉末

Sahithi Murakonda 和 *Madhuresh Dwivedi*

S. Murakonda · *M. Dwivedi* (✉)
鲁尔克拉国立技术学院食品加工工程系，鲁尔克拉，奥里萨邦，印度

8.1 简介

种植在主产区和副产区的水果因其对人体健康有诸多益处，所以深受世界各国人民的喜爱，FAO 和 WHO 建议每天至少摄入 400 g 水果，以减少心脏病、肥胖、癌症及各种健康问题（FAO，2018）。因为水果广受消费者的喜爱，所以全球水果的产量不断提高，继而也促进了加工技术发展。除了食用整个水果以外，由于其易腐性，水果还可以加工成许多产品，例如，果汁、糖果、果冻、粉末等。水果的工业加工和不可食用部分会产生大量的副产品，例如果皮和种子等。在很多工厂和家庭中，这些副产品要么被处理成果渣，要么被用作肥料和牲畜饲料（Mirabella et al.，2014）。果渣可分为两种：①在分拣、倾倒、运输、储存过程中产生的机械损坏或腐烂变质的水果；②在加工过程中产生不可食用的部分（Shalini et al.，2010）。

水果和蔬菜全球总产量的 22% 都被损失和浪费掉了，这个比例高于其他商品（FAO，2018），例如一些果渣的数据：全球产生芒果果渣 750 亿吨；巴西产生的柑橘类果渣 103.84 亿吨；全球产生香蕉果渣 2650 万吨，其中美国产生 39000 吨；印度产生苹果渣 100 万吨（Dorta et al.，2012；Bee Lin et al.，2018；Perazzini et al.，2013；Shalini et al.，2010）。果渣的处理会造成各种环境影响，如温室气体（二氧化碳、甲烷）的排放，以及果渣周围滋生苍蝇、老鼠和微生物而导致疾病（Cheok et al.，2016）。

很多水果都含有大部分不可食用部分，例如香蕉、菠萝蜜、芒果、石榴等，而不可食用部分所含的大部分营养成分都被浪费。果渣粉可以解决许多健康问题，如癌症、心血管疾病、慢性疾病、糖尿病、高血压等（Dabas et al.，2013；Nascimento et al.，2016；Rawal et al.，2014）。因此，很多相关的技术和产品都已经被开发出来，从而使整个水果的营养价值得到充分利用。

果渣中含有多种生物活性化合物，通过干燥、提取等不同的加工技术，除生产沼气、牛饲料和植物肥料等其他用途外，还可以加工为人类消费的食品。将水果废

弃物去除水分，制成粉末状，以减少变质、延长保质期、便于处理，并可降低运输成本。人类健康意识的提高导致对食品（如功能性食品）的营养需求增加（Bhandari et al.，2013），这些粉末可以对其他产品（如烘焙食品、乳制品、饮料等）进行强化，以增加其他产品的营养可用性或消费量。

本章概述了生物活性物质的提取及果渣干燥技术，用于粉末及其强化产品的开发。

8.2　果渣的组成及疗效

香蕉皮占其全果重量的 30%~40%，富含 10%~12% 果胶、6%~12% 木质素、6%~9% 蛋白质、43.2%~49.9% 膳食纤维、3% 淀粉（Castillo-Israel，2015；Khawas et al.，2015），香蕉皮粉中的总酚和类黄酮含量高于果肉粉（Fatemeh et al.，2012）。百香果是一种含籽 6%~12%、果皮 50%~55% 的外来水果，果皮富含 10~20 g 果胶、膳食纤维、1.5 g 蛋白质和 56 g 碳水化合物，有助于预防许多疾病，例如，癌症、心血管疾病、糖尿病、肠憩病，可以抗高血压（Espírito Santo et al.，2012）。牛油果的副产品是果皮和 16% 的籽，其抗氧化活性高于水果可食用部分。牛油果籽粉可有效降低糖尿病、高血压和高胆固醇血症的患病概率（Chel-Guerrero et al.，2016；Dabas et al.，2013）。橘皮占果实的 30%~40%，生产橙汁产生的废液是纤维良好来源（Manjarres-Pinzon et al.，2013；Mirabella et al.，2014），火龙果皮具有较高的抗氧化性（Chia et al.，2015），仙人掌果果皮占果实的 40%~50%，含有蛋白质（8.3%）、果胶（3%）和矿物质（12.13%）（Lahsasni et al.，2004）。苹果渣是苹果加工过程中的副产物（25%），由籽、果皮和废弃的变质苹果构成，富含多酚、矿物质（8.7% 钙）、碳水化合物（9.5%~22%）、蛋白质（4%）和具有抗癌和抵抗慢性病作用的膳食纤维，其含量高于燕麦和麦麸（Mirabella et al.，2014；Rawal et al.，2014）。葡萄籽含量为 30%~40%，果皮具有抗氧化作用和抵抗多种疾病的能力，例如，抗糖尿病、防辐射、抗高血糖、抗炎作用（Salim et al.，2017）。石榴籽占果实的 22%，其中籽油含量丰富（12%~20%），具有抗氧化、免疫功能，可以抑制二十烷类酶，并含有一定量的雌激素（Goula 和 Adamopoulos，2012）。蓝莓果渣提取物（15%~55%）富含酚酸、花青素和类黄酮（Waterhouse et al.，2017）。与水果的可食用果肉部分相比，一些水果例如木瓜、芒果、百香果、苏里南樱桃、番石榴、番荔枝、酪梨苹果、针叶樱桃、菠萝，它们的副产物都含有丰富的生物活性物质（Silva et al.，2014），其余的一些果渣介绍见表 8.1。

表 8.1　水果废渣成分

水果种类	果渣成分	参考文献
香蕉	30%~40%果皮	Castillo-Israel 等（2015）
芒果	11%~18%果皮；14%~22%果核	Ajila 等（2010）
橙子	30%~40%果皮	Manjarres-Pinzon 等（2013）
苹果渣	25%皮、籽、渣	Rawal and Masih（2014）
木瓜	10%~20%果皮；10%~20%籽	Lee 等（2011）
石榴	50%果皮；22%籽	Goula and Adamopoulos（2012）
菠萝蜜	52%~62%果皮；8%~10%籽	Cheok 等（2016）
葡萄	30%~40%籽	Salim & Salina（2017）
菠萝	29%~40%果皮	Banerjee 等（2018）；Choonut 等（2014）
牛油果	16%籽	Dabas 等（2013）
榴莲	55%~65%果皮；5%~15%果核	Siriphanich（2011）
百香果	6%~12%籽；50%~55%果皮	Espírito Santo 等（2012）
红毛丹	37%~62%果皮；4%~9%籽	Issara 等（2014）
火龙果	22%~44%果皮；2%~4%籽	Cheok 等（2016）
山竹	60%~65%果皮；6%~11%果核	
仙人掌果	40%~50%果皮	Lahsasni 等（2004）

8.3　干燥技术

　　干燥是水果收获后主要采用的技术，目的是减少果渣水分含量使其变成粉末。果渣中水分含量为 70%~90%，应减少到 10% 以下，以利于果渣粉的储存（Mirabella et al.，2014）。通过干燥将果渣含水量降低到 10% 以下，利用相应的设备（如球磨机、研磨机等）研磨干燥后的果皮，再筛分至指定的粒径来制备粉末。干燥会导致酶变性失活，可以延长保质期并提高产品的感官特性（Kudra et al.，2009）。

8.3.1　热风干燥

　　干燥是通过将果渣置于恒温恒湿的热空气中来完成的（Khawas et al.，2015），烘箱可以通过控制相应的参数如气流速度，从而可以加速干燥过程（Bhandari et al.，2013），干燥时间通常为 12~48 h（Alkarkhi et al.，2011），香蕉皮粉在 70℃时水分扩散性是最好的（Khawas et al.，2015）。

超声辅助对流热风干燥保持了百香果果皮的总酚含量和抗氧化活性（Nascim-ento et al.，2016）。百香果种子中含有 30% 的油，具有抗氧化能力，Pereira 等（2017）干燥百香果种子并从种子粉末中提取油，索氏提取法的收率最高（23.68%），其次为超声提取（20.96%）。

8.3.2　太阳能干燥

太阳能干燥器是一种替代露天晒干的保护性干燥方法，该工艺经济实惠、能耗低、无污染、产品质量好，可直接在农场中使用。研究人员已经开发出许多低成本的太阳能干燥机（Amer et al.，2010；Bennamoun et al.，2003），太阳能干燥机利用太阳辐射通过太阳能板进行干燥。

太阳能干燥器已被用于从果渣中生产许多粉末，例如，苹果渣粉、芒果皮粉、仙人掌果的果皮粉（Lahsasni et al.，2004）。太阳能干燥果渣粉（如石榴皮粉）被加入食品中，用于制备酸奶等产品（Sah et al.，2016）。

8.3.3　喷雾干燥

料液进入干燥室时被雾化，雾化的液滴接触热空气后蒸发从而干燥成粉末，但喷雾干燥粉末的缺点是粉末的黏性问题（Patel et al.，2009；Vehring et al.，2007）。

蓝莓果渣粉、红火龙果粉、波尔多葡萄粉等都可通过喷雾干燥机生产（Souza et al.，2015；Shofinita et al.，2014；Waterhouse et al.，2017），Bakar 等（2012）和 Edrisi Sormoli 和 Langrish（2016）对喷雾干燥条件进行优化，红色火龙果果皮粉的入口和出口空气温度分别为 165℃ 和 80℃，橙皮粉采用 150℃ 的入口温度和 80℃ 的出口温度。

8.3.4　冷冻干燥

冷冻干燥在凝固点以下的低温和压力下进行，利用升华，即发生从固体到蒸气的相变去除水分。由于冷冻干燥是低温工艺，与其他工艺相比，产品的大多数理化性质得以保留，但该工艺价格昂贵（Caliskan et al.，2017；Reyes et al.，2011）。

与烘箱干燥处理相比，冻干处理的芒果果皮和果核粉、火龙果果皮粉、石榴果皮粉保留更多的特性（Dorta et al.，2012；Liaotrakoon et al.，2011；Mphahlele et al.，2016）。Morais 等（2015）开发了 7 种果渣粉末（菠萝、香蕉、牛油果、百香果、西瓜、甜瓜、木瓜），并比较粉末中黄酮类和酚类的含量，结果表明，总酚类含量最多是牛油果果皮粉，甜瓜果皮粉含有更多的类黄酮。Can-Cauich 等（2017）

利用11种水果（紫释迦果、绿释迦果、绿星苹果、紫星苹果、香肉果、黑肉柿、番荔枝、异叶番荔枝、人心果、蜜果、火龙果）加工成冻干果皮粉，指出绿释迦果、紫释迦果的果皮粉含有较高的总酚、类黄酮，具有很好的抗氧化活性，同时11种果皮粉都富含丰富的生物活性物质。

8.3.5　微波和射频干燥

微波和射频中产生的热量是由于体积加热引起的，即交变电磁场引起产品内的离子运动和偶极子旋转。与其他干燥技术相比，它具有良好的干燥动力学、优质的产品品质和更少的干燥时间。研究人员已经开发出将微波、射频与热空气、真空、辐照等其他技术相结合的技术，以降低经济成本并提高质量（Guo et al.，2014；Mermelstein，2001；Salim et al.，2017）。

Varith 等（2007）利用微波热风干燥制备龙眼果皮粉，可减少干燥时间和能耗，微波辐照制得的香蕉皮粉比冷冻干燥、烘箱干燥和真空干燥效果好（Vu et al.，2016）。Puraikalan（2018）使用射频干燥器制备香蕉皮粉，并研制出加有香蕉皮粉的挤压产品和意大利面，从而提高了产品的营养价值。

对上面所介绍的一些粉末常用的干燥技术发展前景进行了展望。真空干燥、旋转干燥、滚筒干燥、流化床干燥等干燥技术已被应用于果渣的开发，Galaz 等（2017）利用滚筒干燥机研制出石榴果皮粉，其中多酚含量不受干燥影响。Henríquez 等（2010）采用滚筒干燥法研制的苹果果皮粉，可作为良好的膳食纤维和酚类化合物粉末。使用流化床干燥器得到的柑橘皮粉比露天晒干的粉末含有更多的维生素 C 和柠檬烯（Tasirin et al.，2014）。尽管如此，仍需要更多可节约成本的技术，以保持产品质量。Silva 等（2016）使用旋转干燥机生产了针叶樱桃果渣粉末，其中旋转干燥机生产的粉末质量更好，同时也含有丰富的生物活性物质。

8.4　利用果渣粉开发的产品

干燥后的粉末可加入食品中，如挤压产品、乳制品、烘焙食品、糖果等。由于具有优良的理化性质，果渣粉是公认的功能性食品或营养补充剂，也可作为替代品。果渣粉的加入提升了产品的相关理化特性，例如植物化学活性和抗氧化活性（Bhandari et al.，2013）。

苹果果渣粉末和树莓果渣粉末可用于烘焙产品生产中，有助于提高产品的纤维含量和感官特性（Mirabella et al.，2014）。苹果果渣粉用于制备烘焙产品，如饼干、太妃糖、酱料，作为豆粕的替代品和膳食纤维的来源，也可用于果汁工业的调味料（Shalini et al.，2010）。百香果皮粉、菠萝皮粉和石榴粉可加入乳制品中，如脱脂酸奶和益生菌酸奶，有助于缩短发酵时间并改善口感（Espírito Santo et al.，2012；El-Said et al.，2014；Sah et al.，2016）。茶中掺入牛油果果皮粉可以提高抗氧化性和感官特性（Rotta et al.，2015），在膨化产品通心粉和饼干中加入芒果皮粉，可以增强产品营养价值和感官特性（Ajila et al.，2010；Mirabella et al.，2014）。

8.4.1　果渣粉生物活性成分产品

在一些研究中，利用不同的技术从干燥和磨碎的废弃果渣粉中提取生物活性成分，例如溶剂萃取、超临界流体萃取、脉冲电场辅助萃取、微波辅助萃取、超声萃取、酶提取和亚临界流体萃取等。这些萃取技术可从果渣粉中提取出大量的生物活性成分（Cheok et al.，2016；Kumar et al.，2017），将提取的果渣生物活性物质进行胶囊化或添加到其他物质中，用于产品开发。

在一些研究中，从香蕉皮粉、牛油果核粉、苹果果渣粉等干燥果渣粉中提取果胶等生物活性化合物，并将其用作某些产品的添加剂和胶凝剂（Chel-Guerrero et al.，2016；Mirabella et al.，2014）。Castillo-Israel 等（2015）使用盐酸和柠檬酸从香蕉皮粉中提取果胶，并将其作为胶凝剂加入草莓果酱中。采用电场法、常规沸水法等提取方法，可从含水量 8%~9% 的百香果果皮中提取果胶（Bezerra et al.，2015；Oliveira et al.，2015；Kulkarni et al.，2010）。这些作者研制的牛油果核粉可提取淀粉，作为食品和包装材料的胶凝剂（Chel-Guerrero et al.，2016；Dabas et al.，2013）。热风干燥后的芒果皮可利用水提法提取果胶，也可以通过微波和超声波辅助提取（Banerjee et al.，2018）。表 8.2 提供了由一些果渣粉制成的生物活性化合物和产品。

表 8.2　由果渣粉开发的生物活性化合物和产品

水果种类	果渣	活性成分	产品开发	参考文献
香蕉	香蕉皮粉	花青素、果胶、氰化物、没食子儿茶素等	凝胶、面包制品、草莓酱等	Castillo-Israel 等（2015）；González-Montelongo 等（2010）；Lee 等（2010）
苹果	苹果渣粉	绿原酸、根皮素、儿茶素、花青素、苷类等	饼干、香精、酱油等	Shalini and Gupta（2010）；Wolfe and Liu（2003）
石榴	石榴皮粉	没食子酸、氰化物等	奶制品如酸奶	El-Said 等（2014）

续表

水果种类	果渣	活性成分	产品开发	参考文献
牛油果	牛油果皮粉	绿原酸、儿茶素、没食子酸等	茶	Rotta 等（2015）
芒果	芒果皮粉	类胡萝卜素、花青素、多酚等	饼干、通心粉	Ajila 等（2010）
橙子	橙子皮粉	柠檬烯、芳樟醇、多酚	小麦粉面包、饼干	Kumar 等（2017）；Raj and Masih（2014）；Youssef and Mousa（2012）
葡萄	葡萄皮、葡萄籽粉	咖啡酸、没食子酸、肉桂酸、阿魏酸、香草酸、花色苷、原花青素等	水果糖果、鸡肉饼和鸡块	Cagdas and Kumcuoglu（2015）；Cappa 等（2015）；Maier 等（2009）；Ruiz - Capillas 等（2017）
杏	杏仁粉	类胡萝卜素、β-胡萝卜素等	饼干产品如饼干	Kumar 等（2017），Özboy - Özbaş et al.（2010）
鸡蛋果	鸡蛋果皮粉	果胶、β-胡萝卜素等	益生菌产品，如酸奶	Espírito Santo 等（2012）；Oliveira 等（2016）
番石榴	番石榴皮粉	没食子酸、山奈酚、高良姜素、高龙胆酸等	糕点产品，如饼干	Bertagnolli 等（2014）；Deng 等（2012）

8.5　果渣粉的其他优点

除了产品开发之外，本章还讨论一些果渣粉的其他优点。

果渣粉可以在水处理中用作吸附剂以去除染料和造成水污染的金属（如铜等），木苹果壳粉、葡萄皮粉、橙皮粉、香蕉皮粉和西瓜皮粉等已用于废水处理（Chen et al.，2018；Liu et al.，2012；Munagapati et al.，2018；Temesgen et al.，2018）。

果渣粉可以用于能源生产，苹果果粉可用作生产能源的燃料，如蒸汽、沼气，从而有助于减少能源生产（化石燃料）和处理的成本，也可用于生物转化（Sunny-Roberts et al.，2004；Shalini et al.，2010），Naglet 等利用荔枝、芒果和龙眼的果皮和种子作为干燥的燃料。

果渣粉可用于生物塑料薄膜中，如聚羟基烷酸酯（polyhydroxyalkanoates，

PHA），作为绿色包装，替代了对环境有害的降解塑料，并具有较好的抗氧化和防潮性能。柑橘类果渣、葡萄渣和杏渣等果渣用于制备生物塑料薄膜（Tsang et al.，2019；Yaradoddi et al.，2017），Moro 等（2017）利用含 60%纤维的百香果果皮粉开发了生物塑料。

果渣粉中的花青素等化合物被用作天然食用色素和生物色素（Gunjal，2019），石榴皮粉和红心火龙果皮粉等是着色剂的天然来源（Ajmal et al.，2014）。

果渣粉还具有许多其他利用方式，例如用于肥料、牲畜饲料、乳化剂、精油、防腐剂、乙醇等生产（Choonut et al.，2014；Gunjal，2019；Khedkar et al.，2017）。

8.6　结论

由于水果易腐烂，含有不可食用部分，再加上水果的机械损伤，全世界产生了超过 10 亿吨的水果废弃物。水果不可食用部分在许多行业处理中被丢弃，造成了环境问题。而这些不可食用部分比可食用部分含有更多的生物活性化合物，对健康有益。这些水果废弃物被加工成果渣粉，降低水分含量以延长保质期，并使导致其变质的酶失活，从而转变成可食用的成分。为了有效利用果渣，人们开发了许多加工技术，如干燥、提取等。这些果渣粉已被添加到许多食品中，如烘焙产品、糖果和乳制品，以增加所开发产品的功能特性。果渣粉中存在丰富的生物活性化合物，也导致了相关提取技术的开发，并应用这些生物活性成分进行新产品开发。

尽管已经开发出多种技术，许多行业仍将果渣丢弃或用作牲畜饲料。每个水果企业都应尝试将果渣用于有益健康的人类消费，而不是将其丢弃。尽管目前已有先进的干燥技术，但仍存在一些果粉的黏滞、营养损失和复水等问题，因此，研究者需要进一步的研究来解决这些问题。由于某些化合物不稳定，在一定的环境中会失活，还需要开发包括胶囊化、共结晶等方法在内的结合生物活性物质的技术。因此，果渣粉的开发仍有很大的研究空间，果渣粉在环境、治疗和经济方面具有良好的应用前景。

参考文献

Ajmal, M., Adeel, S., Azeem, M., Zuber, M., Akhtar, N., & Iqbal, N. (2014). Modulation of pomegranate peel colourant characteristics for textile dyeing using high energy radiations. Industrial Crops and Products, 58, 188-193. https: //doi. org/ 10. 1016/j. indcrop. 2014. 04. 026.

Ajila, C. M., Aalami, M., Leelavathi, K., & Rao, U. J. S. P. (2010). Mango peel powder: A potential source of antioxidant and dietary fiber in macaroni preparations. Innovative Food Science & Emerging Technologies, 11 (1), 219-224.

Alkarkhi, A. F. M., Ramli, S. b., Yong, Y. S., & Easa, A. M. (2011). Comparing physicochemical properties of banana pulp and peel flours prepared from green and ripe fruits. Food Chemistry, 129 (2), 312 - 318. https: //doi. org/10. 1016/ j. foodchem. 2011. 04. 060.

Amer, B. M. A., Hossain, M. A., & Gottschalk, K. (2010). Design and performance evaluation of a new hybrid solar dryer for banana. Energy Conversion and Management, 51 (4), 813-820. https: //doi. org/10. 1016/j. enconman. 2009. 11. 016.

Bakar, J., Ee, S. C., Muhammad, K., Hashim, D. M., & Adzahan, N. (2012). Spray-drying optimization for red pitaya Peel (Hylocereus polyrhizus). Food and Bioprocess Technology, 6 (5), 1332-1342. https: //doi. org/10. 1007/s11947- 012-0842-5.

Banerjee, J., Singh, R., Vijayaraghavan, R., MacFarlane, D., Patti, A. F., & Arora, A. (2018). A hydrocolloid based biorefinery approach to the valorisation of mango peel waste. Food Hydrocolloids, 77, 142 - 151. https: //doi. org/10. 1016/ j. foodhyd. 2017. 09. 029.

Bee Lin, C., &Yek Cze, C. (2018). Drying kinetics and optimisation of pectin extraction from Banana peels via response surface methodology. MATEC Web of Conferences, 152, 1002. https: //doi. org/10. 1051/matecconf/201815201002.

Bennamoun, L., & Belhamri, A. (2003). Design and simulation of a solar dryer for agriculture products. Journal of Food Engineering, 59 (2-3), 259-266. https: // doi. org/10. 1016/s0260- 8774 (02) 00466-1.

Bertagnolli, S. M. M., Silveira, M. L. R., de Fogaça, A. O., Umann, L., & Penna, N. G. (2014). Bioactive compounds and acceptance of cookies made with Guava peel flour. Food Science and Technology (Campinas), 34 (2), 303-308.

Bezerra, C. V., Meller da Silva, L. H., Corrêa, D. F., & Rodrigues, A. M. C. (2015). A modeling study for moisture diffusivities and moisture transfer coefficients in drying of passion fruit peel. International Journal of Heat and Mass Transfer, 85, 750- 755. https: //doi. org/10. 1016/j. ijheatmasstransfer. 2015. 02. 027.

Bhandari, B., Bansal, N., Zhang, M., & Schuck, P. (2013). Handbook of food powders. Oxford: Woodhead Publishing. https://doi. org/10. 1533/9780857098672.

Cappa, C. , Lavelli, V. , & Mariotti, M. (2015) . Fruit candies enriched with grape skin powders: Physicochemical properties. LWT – Food Science and Technology, 62 (1), 569-575.

Cagdas, E. , & Kumcuoglu, S. (2015) . Effect of grape seed powder on oxidative stability of precooked chicken nuggets during frozen storage. Journal of Food Science and Technology, 52 (5), 2918-2925.

Caliskan, G. , & Dirim, S. N. (2017) . Drying characteristics of pumpkin (Cucurbita moschata) slices in convective and freeze dryer. Heat and Mass Transfer, 53 (6), 2129-2141. https://doi. org/10. 1007/s00231-017-1967-x.

Castillo-Israel, S. F. , Baguio, M. D. B. , Diasanta, R. C. M. , Lizardo, E. I. , & Dizon, M. M. (2015) . Extraction and characterization of pectin from Saba banana. International Food Research Journal, 22 (1), 202-207.

Can-Cauich, C. A. , Sauri-Duch, E. , Betancur-Ancona, D. , Chel-Guerrero, L. , González-Aguilar, G. A. , Cuevas-Glory, L. F. , et al. (2017) . Tropical fruit peel powders as functional ingredients: Evaluation of their bioactive compounds and antioxidant activity. Journal of Functional Foods, 37, 501 – 506. https://doi. org/ 10. 1016/j. jff. 2017. 08. 028.

Chel-Guerrero, L. , Barbosa-Martín, E. , Martínez-Antonio, A. , González-Mondragón, E. , & Betancur-Ancona, D. (2016) . Some physicochemical and rheological properties of starch isolated from avocado seeds. International Journal of Biological Macromolecules, 86, 302-308. https://doi. org/10. 1016/j. ijbiomac. 2016. 01. 052.

Chen, Y. , Wang, H. , Zhao, W. , & Huang, S. (2018) . Four different kinds of peels as adsorbents for the removal of Cd (Ⅱ) from aqueous solution: Kinetics, isotherm and mechanism. Journal of the Taiwan Institute of Chemical Engineers, 88, 146-151. https://doi. org/10. 1016/j. jtice. 2018. 03. 046.

Cheok, C. Y. , Mohd Adzahan, N. , Abdul Rahman, R. , Zainal Abedin, N. H. , Hussain, N. , Sulaiman, R. , & Chong, G. H. (2016) . Current trends of tropical fruit waste utilization. Critical Reviews in Food Science and Nutrition, 58, 1-27. https:// doi. org/10. 1080/10408398. 2016. 1176009.

Chia, S. L. , & Chong, G. H. (2015) . Effect of drum drying on physico-chemical characteristics of dragon fruit Peel (Hylocereus polyrhizus) . International Journal of Food Engineering, 11 (2), 285-293. https://doi. org/10. 1515/ijfe-2014-0198.

Choonut, A. , Saejong, M. , & Sangkharak, K. (2014) . The production of ethanol and hydrogen from pineapple peel by saccharomyces cerevisiae and Enterobacter Aerogenes. Energy Procedia, 52, 242－249. https：//doi. org/10. 1016/j. egypro. 2014. 07. 075.

da Silva, L. M. R. , de Figueiredo, E. A. T. , Ricardo, N. M. P. S. , Vieira, I. G. P. , de Figueiredo, W. , Brasil, I. M. , & Gomes, C. L. (2014) . Quantification of bioactive compounds in pulps and by-products of tropical fruits from Brazil. Food Chemistry, 143, 398–404. https：//doi. org/10. 1016/j. foodchem. 2013. 08. 001.

Dabas, D. , Shegog, R. , Ziegler, G. , & Lambert, J. (2013) . Avocado (Persea americana) seed as a source of bioactive phytochemicals. Current Pharmaceutical Design, 19 (34) , 6133–6140. https：//doi. org/10. 2174/1381612811319340007.

Deng, G. -F. , Shen, C. , Xu, X. -R. , Kuang, R. -D. , Guo, Y. -J. , Zeng, L. -S. , et al. (2012) . Potential of fruit wastes as natural resources of bioactive compounds. International Journal of Molecular Sciences, 13 (7) , 8308–8323.

Dorta, E. , Lobo, M. G. , & González, M. (2012) . Using drying treatments to stabilise mango peel and seed： Effect on antioxidant activity. LWT － Food Science and Technology, 45 (2) , 261–268. https：//doi. org/10. 1016/j. lwt. 2011. 08. 016.

Espírito Santo, A. P. do, Perego, P. , Converti, A. , & Oliveira, M. N. (2012) . Influence of milk type and addition of passion fruit peel powder on fermentation kinetics, texture profile and bacterial viability in probiotic yoghurts. LWT, 47 (2) , 393–399. https：//doi. org/10. 1016/j. lwt. 2012. 01. 038.

Edrisi Sormoli, M. , & Langrish, T. A. G. (2016) . Spray drying bioactive orange-peel extracts produced by Soxhlet extraction： Use of WPI, antioxidant activity and moisture sorption isotherms. LWT － Food Science and Technology, 72, 1–8. https：// doi. org/10. 1016/j. lwt. 2016. 04. 033.

El-Said, M. M. , Haggag, H. F. , Fakhr El-Din, H. M. , Gad, A. S. , & Farahat, A. M. (2014) . Antioxidant activities and physical properties of stirred yoghurt fortified with pomegranate peel extracts. Annals of Agricultural Sciences, 59 (2) , 207–212. https：//doi. org/10. 1016/j. aoas. 2014. 11. 007.

FAO (2018) . SDG 12. 3. 1 Global food loss index. http：//www. fao. org/3/ CA2640EN/ca2640en. pdf. Access date： 10. 02. 2019.

Fatemeh, S. R. , Saifullah, R. , Abbas, F. M. A. , & Azhar, M. E. (2012) . Total phenolics, flavonoids and antioxidant activity of banana pulp and peel flours： Influence of variety and stage of ripeness. International Food Research Journal, 19 (3) , 1041–1046.

Galaz, P. , Valdenegro, M. , Ramírez, C. , Nuñez, H. , Almonacid, S. , & Simpson, R. (2017) . Effect of drum drying temperature on drying kinetic and polyphenol contents in pomegranate peel. Journal of Food Engineering, 208, 19 – 27. https：// doi. org/10. 1016/j. jfoodeng. 2017. 04. 002.

González-Montelongo, R. , Gloria Lobo, M. , & González, M. (2010) . Antioxidant activity in banana peel extracts：Testing extraction conditions and related bioactive compounds. Food Chemistry, 119 (3) , 1030–1039.

Goula, A. M. , & Adamopoulos, K. G. (2012) . A method for pomegranate seed application in food industries：Seed oil encapsulation. Food and Bioproducts Processing, 90 (4) , 639–652. https：// doi. org/10. 1016/j. fbp. 2012. 06. 001.

Gunjal, B. B. , (2019) . Value-added products from food waste. Advances in Environmental Engineering and Green Technologies, pp. 20–30. https：//doi. org/10. 4018/ 978–1–5225–7706–5. ch002.

Guo, W. , & Zhu, X. (2014) . Dielectric properties of red pepper powder related to radiofrequency and microwave drying. Food and Bioprocess Technology, 7 (12) , 3591–3601. https：//doi. org/10. 1007/s11947–014–1375–x.

Henríquez, C. , Speisky, H. , Chiffelle, I. , Valenzuela, T. , Araya, M. , Simpson, R. , & Almonacid, (2010) . Development of an ingredient containing apple peel, as a source of polyphenols and dietary Fiber. Journal of Food Science, 75 (6) , H172–H181. https：//doi. org/10. 1111/j. 1750–3841. 2010. 01700. x.

Issara, U. , Zzaman, W. , & Yang, T. A. (2014) . Rambutan seed fat as a potential source of cocoa butter substitute in confectionary product. International Food Research Journal, 21 (1) , 25–31. Khawas, P. , Dash, K. K. , Das, A. J. , & Deka, S. C. (2015) . Drying characteristics and assessment of physicochemical and microstructural properties of dried culinary banana slices. International Journal of Food Engineering, 11 (5) , 667–678. https：//doi. org/10. 1515/ijfe–2015–0094.

Khedkar, M. A. , Nimbalkar, P. R. , Gaikwad, S. G. , Chavan, P. V. , & Bankar, S. B. (2017) . Sustainable biobutanol production from pineapple waste by using clostridium acetobutylicum B 527：Drying kinetics study. Bioresource Technology, 225, 359–366. https：//doi. org/10. 1016/j. biortech. 2016. 11. 058.

Kudra, T. , & Mujumdar, A. S. (2009) . Advanced drying technologies. Boca Raton：CRC Press. https：//doi. org/10. 1201/9781420073898.

Kulkarni, S. G. , & Vijayanand, P. (2010) . Effect of extraction conditions on the quality characteristics of pectin from passion fruit peel (Passiflora edulis f. flavicarpa

L.). LWT – Food Science and Technology, 43 (7), 1026-1031. https://doi. org/
10. 1016/j. lwt. 2009. 11. 006.

Kumar, K., Yadav, A. N., Kumar, V., Vyas, P., & Dhaliwal, H. S.
(2017). Food waste: A potential bioresource for extraction of nutraceuticals and bioac-
tive compounds. Bioresources and Bioprocessing, 4 (1).

Lahsasni, S., Kouhila, M., Mahrouz, M., Idlimam, A., & Jamali, A. (2004).
Thin layer convective solar drying and mathematical modeling of prickly pear peel (Opuntia
ficus indica). Energy, 29 (2), 211 – 224. https://doi. org/10. 1016/j. energy.
2003. 08. 009.

Lee, E. -H., Yeom, H. -J., Ha, M. -S., & Bae, D. -H. (2010). Development
of banana peel jelly and its antioxidant and textural properties. Food Science and Biotech-
nology, 19 (2), 449-455.

Lee, W. -J., Lee, M. -H., & Su, N. -W. (2011). Characteristics of papaya
seed oils obtained by extrusion-expelling processes. Journal of the Science of Food and
Agriculture, 91 (13), 2348-2354.

Liaotrakoon, W., De Clercq, N., Van Hoed, V., Van de Walle, D., Lewille,
B., & Dewettinck, K. (2011). Impact of thermal treatment on physicochemical, antiox-
idative and rheological properties of white-flesh and red-flesh dragon fruit (Hylocereus
spp.) purees. Food and Bioprocess Technology, 6 (2), 416-430. https://doi. org/
10. 1007/s11947-011-0722-4.

Liu, C., Ngo, H. H., Guo, W., & Tung, K. -L. (2012). Optimal conditions
for preparation of banana peels, sugarcane bagasse and watermelon rind in removing copper
from water. Bioresource Technology, 119, 349 – 354. https://doi. org/10. 1016/
j. biortech. 2012. 06. 004.

Maier, T., Schieber, A., Kammerer, D. R., & Carle, R. (2009). Residues of
grape (Vitis vinifera L.) seed oil production as a valuable source of phenolic antioxidants.
Food Chemistry, 112 (3), 551-559.

Manjarres – Pinzon, K., Cortes – Rodriguez, M., & Rodríguez – Sandoval, E.
(2013). Effect of drying conditions on the physical properties of impregnated orange
peel. Brazilian Journal of Chemical Engineering, 30 (3), 667-676. https://doi. org/
10. 1590/s0104-66322013000300023.

Mermelstein, N. H. (2001). Spray drying. Food Technology, 55 (4), 92-95.

Mirabella, N., Castellani, V., & Sala, S. (2014). Current options for the valori-
zation of food manufacturing waste: A review. Journal of Cleaner Production, 65, 28-41.

https：//doi. org/10. 1016/j. jclepro. 2013. 10. 051.

Morais, D. R. , Rotta, E. M. , Sargi, S. C. , Schmidt, E. M. , Bonafe, E. G. , Eberlin, M. N. , et al. (2015) . Antioxidant activity, phenolics and UPLC-ESI (-) - MS of extracts from different tropical fruits parts and processed peels. Food Research International, 77, 392-399. https：//doi. org/10. 1016/j. foodres. 2015. 08. 036.

Moro, T. M. A. , Ascheri, J. L. R. , Ortiz, J. A. R. , Carvalho, C. W. P. , & Meléndez-Arévalo, A. (2017) . Bioplastics of native starches reinforced with passion fruit Peel. Food and Bioprocess Technology, 10 (10) , 1798-1808. https：//doi. org/10. 1007/s11947-017-1944-x.

Mphahlele, R. R. , Fawole, O. A. , Makunga, N. P. , & Opara, U. L. (2016) . Effect of drying on the bioactive compounds, antioxidant, antibacterial and antityrosinase activities of pomegranate peel. BMC Complementary and Alternative Medicine, 16, 143. Available at：https：//pubmed. ncbi. nlm. nih. gov/27229852.

Munagapati, V. S. , Yarramuthi, V. , Kim, Y. , Lee, K. M. , & Kim, D. -S. (2018) . Removal of anionic dyes (reactive black 5 and Congo red) from aqueous solutions using Banana Peel powder as an adsorbent. Ecotoxicology and Environmental Safety, 148, 601-607. https：//doi. org/10. 1016/j. ecoenv. 2017. 10. 075.

Nagle, M. , Habasimbi, K. , Mahayothee, B. , Haewsungcharern, M. , Janjai, S. , & Müller, J. (2011) . Fruit processing residues as an alternative fuel for drying in Northern Thailand. Fuel, 90 (2) , 818 - 823. https：//doi. org/10. 1016/j. fuel. 2010. 10. 003.

Nascimento, E. M. G. C. do, Mulet, A. , Ascheri, J. L. R. , de Carvalho, C. W. P. , & Cárcel, J. (2016) . Effects of high-intensity ultrasound on drying kinetics and antioxidant properties of passion fruit peel. Journal of Food Engineering, 170, 108- 118. https：//doi. org/10. 1016/j. jfoodeng. 2015. 09. 015.

Oliveira, C. F. , Giordani, D. , Gurak, P. D. , Cladera-Olivera, F. , & Marczak, L. D. F. (2015) . Extraction of pectin from passion fruit peel using moderate electric field and conventional heating extraction methods. Innovative Food Science & Emerging Technologies, 29, 201-208. https：//doi. org/10. 1016/j. ifset. 2015. 02. 005.

Oliveira, C. F. , Gurak, P. D. , Cladera-Olivera, F. , & Marczak, L. D. F. (2016) . Evaluation of physicochemical, technological and morphological characteristics of powdered yellow passion fruit peel. International Food Research Journal, 23 (4) , 1653-1662.

Özboy-Özbaş, Ö. , Seker, I. T. , & Gökbulut, I. (2010) . Effects of resistant starch, apricot kernel flour, and fiber-rich fruit powders on low-fat cookie quality. Food Science and Biotechnology, 19 (4), 979-986.

Patel, R. P., Patel, M. P., & Suthar, A. M. (2009). Spray drying technology: An overview. Indian Journal of Science and Technology, 2 (10), 44-47.

Perazzini, H., Freire, F. B., & Freire, J. T. (2013). Drying kinetics prediction of solid waste using semi-empirical and artificial neural network models. Chemical Engineering & Technology, 36 (7), 1193 – 1201. https://doi.org/10.1002/ceat. 201200593.

Pereira, M. G., Hamerski, F., Andrade, E. F., de Scheer, A. P., & Corazza, M. L. (2017). Assessment of subcritical propane, ultrasound-assisted and Soxhlet extraction of oil from sweet passion fruit (Passiflora alata Curtis) seeds. The Journal of Supercritical Fluids, 128, 338-348. https:// doi. org/10. 1016/j. supflu. 2017. 03. 021.

Puraikalan, Y. (2018). Characterization of proximate, phytochemical and antioxidant analysis of Banana (Musa Sapientum) peels/skins and objective evaluation of ready to eat /cook product made with banana peels. Current Research in Nutrition and Food Science Journal, 6 (2), 382-391. https://doi. org/10. 12944/crnfsj. 6. 2. 13.

Raj, A., & Masih, D. (2014). Physico chemical and rheological properties of wheat flour bun supplemented with orange peelpowder. International Journal of Science and Research, 3 (8), 391-394.

Rawal, R., & Masih, D. (2014). Study of the effect on the quality attributes of apple pomace powder prepared by two different dryers. IOSR Journal of Agriculture and Veterinary Science, 7 (8), 54-61. https://doi. org/10. 9790/2380-07825461.

Reyes, A., Mahn, A., & Huenulaf, P. (2011). Drying of apple slices in atmospheric and vacuum freeze dryer. Drying Technology, 29 (9), 1076-1089. https:// doi. org/10. 1080/07373937. 2011. 5 68657.

Rotta, E. M., deMorais, D. R., Biondo, P. B. F., dos Santos, V. J., Matsushita, M., & Visentainer, J. V. (2015). Use of avocado peel (Persea americana) in tea formulation: A functional product containing phenolic compounds with antioxidant activity. Acta Scientiarum Technology, 38 (1), Available at: http://periodicos. uem. br/ojs/index. php/ActaSciTechnol/article/view/27397.

Ruiz-Capillas, C., Nardoia, M., Herrero, A. M., Jimnez-Colmenero, F., Chamorro, S., & Brenes, (2017). Effect of added grape seed and skin on chicken thigh patties during chilled storage. International Journal of Food and Nutritional Science, 4 (1), 67-73.

Sah, B. N. P. , Vasiljevic, T. , McKechnie, S. , & Donkor, O. N. (2016) . Effect of pineapple waste powder on probiotic growth, antioxidant and antimutagenic activities of yogurt. Journal of food science and technology, 53 (3), 1698-1708. Available at: https: //pubmed. ncbi. nlm. nih. gov/27570295.

Salim, M. D. , & Salina, N. (2017) . Potential utilization of fruit and vegetable wastes for food through drying or extraction techniques. Novel Techniques in Nutrition & Food Science, 1 (2) . https: //doi. org/10. 31031/ntnf. 2017. 01. 000506.

Shalini, R. , & Gupta, D. K. (2010) . Utilization of pomace from apple processing industries: Areview. Journal of food science and technology, 47 (4), 365-371. Available at: https: //pubmed. ncbi. nlm. nih. gov/23572655.

Shofinita, D. , & Langrish, T. A. G. (2014) . Spray drying of orange peel extracts: Yield, total phenolic content, and economic evaluation. Journal of Food Engineering, 139, 31-42. https: //doi. org/10. 1016/j. jfoodeng. 2014. 03. 028.

Silva, P. B. , Duarte, C. R. , & Barrozo, M. A. S. (2016) . Dehydration of acerola (Malpighia emarginata D. C.) residue in a new designed rotary dryer: Effect of process variables on main bioactive compounds. Food and Bioproducts Processing, 98, 62-70. https: //doi. org/10. 1016/j. fbp. 2015. 12. 008.

Souza, V. B. , Thomazini, M. , & Balieiro, J. C. de C. , & Fávaro-Trindade, C. S. (2015) . Effect of spray drying on the physicochemical properties and color stability of the powdered pigment obtained from vinification byproducts of the Bordo grape (Vitis labrusca) . Food and Bioproducts Processing, 93, 39 - 50. https: //doi. org/ 10. 1016/j. fbp. 2013. 11. 001.

Siriphanich, J. (2011) . Durian (Durio zibethinus Merr.) . In E. Yahia (Ed.), Postharvest biology and Technology of Tropical and Subtropical Fruits (Woodhead publishing series in food science) . Woodhead Publishing.

Sunny-Roberts, E. O. , Otunola, E. T. , & Iwakun, B. T. (2004) . An evaluation of some quality parameters of a laboratory-prepared fermented groundnut milk. European Food Research and Technology, 218 (5), 452-455.

Tasirin, S. M. , Puspasari, I. , Sahalan, A. Z. , Mokhtar, M. , Ghani, M. K. A. , &Yaakob, Z. (2014) . Drying ofCitrus sinensisPeels in an inert fluidized bed: Kinetics, microbiological activity, vitamin C, and limonene determination. Drying Technology, 32 (5), 497-508. https: //doi. org/10. 10 80/07373937. 2013. 838782.

Temesgen, F. , Gabbiye, N. , & Sahu, O. (2018) . Biosorption of reactive red dye (RRD) on activated surface of banana and orange peels: Economical alternative for textile effluent. Surfaces and Interfaces, 12, 151 – 159. https：//doi. org/10. 1016/j. surfin. 2018. 04. 007.

Tsang, Y. F. , Kumar, V. , Samadar, P. , Yang, Y. , Lee, J. , Ok, Y. S. , et al. (2019) . Production of bioplastic through food waste valorization. Environment International, 127, 625-644. https：//doi. org/10. 1016/j. envint. 2019. 03. 076.

Varith, J. , Dijkanarukkul, P. , Achariyaviriya, A. , & Achariyaviriya, S. (2007) . Combined microwave-hot air drying of peeled longan. Journal of Food Engineering, 81 (2), 459-468. https：// doi. org/10. 1016/j. jfoodeng. 2006. 11. 023.

Vehring, R. , Foss, W. R. , & Lechuga-Ballesteros, D. (2007) . Particle formation in spray drying. Journal of Aerosol Science, 38 (7), 728-746. https：//doi. org/ 10. 1016/j. jaerosci. 2007. 04. 005.

Vu, H. T. , Scarlett, C. J. , & Vuong, Q. V. (2016) . Effects of drying conditions on physicochemical and antioxidant properties of banana (Musa cavendish) peels. Drying Technology, 35 (9), 1141 – 1151. https：//doi. org/10. 1080/ 07373937. 2016. 1233884.

Waterhouse, G. I. N. , Dijkanarukkul, P. , Achariyaviriya, A. , & Achariyaviriya, S. (2017) . Spray-drying of antioxidant-rich blueberry waste extracts；interplay between waste pretreatments and spray-drying process. Food and Bioprocess Technology, 10 (6), 1074-1092. https：//doi. org/10. 1007/s11947-017-1880-9.

Wolfe, K. L. , & Liu, R. H. (2003) . Apple peels as a value-added food ingredient. Journal of Agricultural and Food Chemistry, 51 (6), 1676-1683.

Yaradoddi, J. S. , Hugar, S. , Banapurmath, N. R. , Hunashyal, A. M. , Sulochana, M. B. , Shettar, A. S. , & Ganachari, S. V. (2017) . Alternative and renewable bio-based and biodegradable plastics. In Handbook of ecomaterials (pp. 1-20) . Cham：Springer. https：//doi. org/10. 1007/978-3- 319-48281-1_ 150-1.

Youssef, H. , & Mousa, R. (2012) . Nutritional assessment of wheat biscuits and fortified wheat biscuits with citrus peels powders. Food and Public Health, 2 (1), 55-60.

第9章 食品粉末的微生物安全

E. J. Rifna 和 *Madhuresh Dwivedi*

E. J. Rifna · *M. Dwivedi*（⊠）
鲁尔克拉国立技术学院（*National Institue of Technology Rourkela*），鲁尔克拉，奥里萨邦，印度

9.1 简介

食品工业中配方概念的发展和对食品多样化的坚持，促进了食品配料市场的发展。其中多数产品为粉末状，因此，对于食品成分制造商和食品生产商而言，如何解决粉末技术是一个日益紧迫的问题。粉状食品由于水分活度低，品质劣变的进程减慢，因此它占据了整个预包装食品市场的主要部分。低水分食品是由高水分食品生产出来的，通常要经过干燥或脱水过程来加工实现，而有些低水分食品本质上水分含量就很低。根据 FAO 的定义，低水分活度（water activity，A_w）产品是指水分活度小于 0.7 的食品样品（Blessington et al.，2013）。在全球范围内，由于其用途广泛且稳定，大量食品被加工为细颗粒状，包括小麦粉、谷物粉、干蛋粉、干奶粉、干香料和草药、婴幼儿配方奶粉（powdered infant formula，PIF）、烹饪粉、水果或蔬菜粉。

如上所述，食品粉末的低水分活度和低残留水分含量，可阻碍病原微生物和腐败微生物的生长繁殖，使产品免受食源性病原体的侵害。此外，还有一种普遍的误解，即微生物无法在水分含量低的食品中生存和繁殖，研究表明，包括沙门氏菌、阪崎克罗诺杆菌、梭状芽孢杆菌和芽孢杆菌在内的食源性细菌，会在干粉状食品中生长和繁殖（Chitrakar et al.，2018），从而成为食品粉末中微生物爆发的源头。从这些微生物暴发的流行病学文献中可以推断，交叉污染可能在食品粉末污染中起重要作用。在 2019 年，印度的沙门氏菌暴发导致"香料之家"召回桑巴咖喱粉。据预测，食品粉末中 25% 的食源性疾病暴发是由交叉污染造成的（Reilly et al.，2009），交叉污染可能是由于卫生措施不足、在食品加工中缺乏严谨的卫生意识、设备污染或不适当的贮存环境导致的。另外，还应明确，大多数消费者并不是直接摄入食品粉末，通常使用液体（主要是水）进行调和后食用。通过大量的研究人们已经可以预测到，携带微生物的食品粉末重构，会促进微生物细胞开始修复损伤，使终产品有害健康，不再适于消费。目前，食品粉末在重构过程中出现了少数致命

性食源性致病菌的暴发，婴儿配方奶粉中的阪崎克罗诺杆菌、奶粉中的沙门氏菌、蔬菜粉中的蜡样芽孢杆菌（Endersen et al.，2017；Juneja et al.，2017；Wang et al.，2020），导致了消费者中临床病例的增加。随着世界范围内与粉状食品相关的食源性疾病暴发越来越频繁，人们越来越关注普遍认为安全的"粉状食品"的食品安全等级。本章介绍了迄今为止在粉状食品中微生物安全性方面取得的主要突出成果，讨论了各种食品粉末中的微生物安全问题和食源性疾病暴发的种类，以及新兴的非热技术对粉状食品的杀菌作用。

9.2　与粉状食物有关的食源性致病菌

历史上，许多食源性疾病都与食品粉末有关。在过去十年中，这些食源性疾病的暴发有所减少，这可能与新型灵敏稳定的微生物检测技术、流行病学追溯方法的改进和高度熟练的取样过程进步有关（Gurtler et al.，2014）。虽然已从污染的食品粉末中分离出不同数量的食源性微生物，但当与其他杆菌科成员（大肠杆菌、志贺氏菌、乳酸杆菌、李斯特菌、葡萄球菌和单核增生李斯特菌）相关时，血清型沙门氏菌总是反复出现。然而，一种异常情况是杆菌基因型阪崎克罗诺杆菌（以前称为阪崎肠杆菌），可导致成人和新生儿发生免疫抑制，出现异常且频繁的严重病例。此外，尽管某些可形成芽孢的微生物复水后无法在低水分条件下生存（如梭状芽孢杆菌、芽孢杆菌），但残留的细菌可能会通过产生毒素和毒素型感染而导致食源性疾病风险。下面的内容是关于与病原体特征相关的一些研究与观点，这些病原体与因食用受污染的食品粉末而引发食源性疾病暴发有关。

9.2.1　沙门氏菌（*Salmonella*）

沙门氏菌是革兰氏阴性的杆状非芽孢菌属，属于肠杆菌科（*Enterobacteriaceae*），沙门氏菌主要有邦戈尔沙门氏菌（*Salmonella bongori*）和肠道沙门氏菌（*Salmonella enteric*）两种（Abatcha et al.，2014）。与肠杆菌科家族的其他成员或与非芽孢杆菌比较时，与沙门氏菌相关的食品粉末食源性疾病的暴发和召回数量令人震惊，这可能与沙门氏菌耐脱水或低水分环境的生存能力有关。此外，在食品粉末中，通过添加溶质或脱水而使 A_w 降低，这也导致沙门氏菌耐热性显著提高。如乳粉和香料等食品粉末，需要在高于 110℃ 的温度下数分钟才能将沙门氏菌降低至 1 log cfu/g（Podolak et al.，2010）。对于脂肪或蛋白质含量低的粉末，当摄入细菌数大于 105 时，食源性疾病暴发的可能性较高。而在脂肪或蛋白质含量较高的食品粉末中，例如白软干酪粉、鸡蛋粉、奶粉、扁豆粉、乳清蛋白粉和大豆粉，仅摄入

10～100 个细菌即可导致污染。在全球范围内，约有 13 亿例沙门氏菌感染引起的肠胃炎，导致全世界每年约 300 万人死亡。沙门氏菌感染还会在全球范围内增加死亡率、发病率和恶心症状及免疫反应，这取决于是慢性、急性还是有限感染（Humphries et al.，2015），与沙门氏菌相关的食源性疾病暴发主要是由烹饪时温度不足、烹饪后的交叉污染、冷却速度降低和冷藏不足引起的。

据报道，许多参数如微生物初始菌数、粉末类型、粉末水分活度和产品温度都会影响干燥食品粉末中沙门氏菌的生存能力。Hu 等（2017）推论当蛋清蛋白粉的 A_w 值从 0.34 降至 0.13，鼠伤寒沙门氏菌的耐受性变好。谷物粉或小麦粉通常用作复杂食品的制备原料，一般来说，FDA 并不认为面粉是沙门氏菌的"易感原料"。相反，某些情况下存在面粉预处理以杀灭致病菌后被沙门氏菌污染的现象，特别是当其应用于营养保健品、香料、烹饪预拌粉、即食产品以及能量补充剂（Forghani et al.，2019）时。Stojiljkovic 等（2016）发现储存 1 年的意大利面面粉中仍能鉴定出肠道沙门氏菌，这表明延长意大利面面粉的储存期并不是微生物污染产品杀菌的有效方法。蔬菜粉、奶粉、水果粉和香料粉偶尔会被沙门氏菌污染，已有因摄入食品粉末导致沙门氏菌病的报道，例如，Lehmacher 等（1995）证明了沙门氏菌病与摄入含有红椒粉的炸薯条有关。尽管产品中沙门氏菌含量很少（5～50 个/100 g），但这些剂量足以引起食源性疾病，可能是红椒粉炸薯条的高脂肪含量所致。同样，WHO 将肠道沙门氏菌列为婴幼儿配方奶粉（Powdered infant formula，PIF）需要警惕的第二重要微生物（Jones et al.，2019），并广泛考虑婴幼儿配方奶粉中存在沙门氏菌的风险（Beuchat et al.，2013；Oonaka et al.，2010）。这些工作表明，沙门氏菌污染主要发生在营养强化和干燥混合阶段。

9.2.2　克罗诺杆菌属（*Cronobacter*）

阪崎肠杆菌（*Cronobacter sakazakii*）属于克罗诺杆菌属，是一种无鞭毛、无芽孢的革兰氏阴性细菌，可在需氧和厌氧条件下，7～80℃的温度范围内和 A_w 0.2～0.8 下生长长达 12 个月。研究表明，这种条件性食源性病原体能够在全年龄段引发疾病，特别是对儿童的生命威胁极大（Pina-Pérez et al.，2016）。已在以乳制品为基础的食品粉末中鉴定出克罗诺杆菌属，其中婴儿在摄入受污染的婴幼儿配方奶粉后感染程度最高。婴幼儿配方奶粉中阪崎肠杆菌的高暴发率表明，尽管很大一部分阪崎克肠杆菌在干燥的储存环境中被灭活，但仍有一部分细菌具有很强的耐受性，并至少能存活 2 年（Li et al.，2016）。阪崎肠杆菌因在婴儿中产生致命感染而引起关注，致死率高达 40%～80%。受污染的食品粉末，特别是婴幼儿配方奶粉，在流行病学上与脑膜炎、癫痫和坏死性小肠结肠炎等食源性疾病相关（Shi et al.，2017）。此后，WHO 将阪崎克肠杆菌视为婴幼儿配方奶粉的主要食源性病原体之一。

9.2.3　梭菌属（*Clostridium*）

肉毒梭状芽孢杆菌（*Clostridium botulinum*）是一种形成芽孢的革兰氏阳性细菌，会引起食源性疾病。分离出的各种梭杆菌属均为致病菌，但就食源性中毒而言，仅发现两种菌株是有毒的，即肉毒梭状芽孢杆菌（*Clostridium botulinum*）和产气荚膜梭菌（*Clostridium perfringens*）（Amuquandoh，2016）。梭菌存在于有灰尘的表面，并能耐受常规烹饪和沸腾的温度。梭菌感染还会引发严重的痉挛、腹泻和肠胃胀气，这取决于感染是慢性、急性还是有限的。婴儿肉毒杆菌中毒的情况常与摄入了复配婴幼儿配方奶粉有关，然而据另一篇文章报道，在已知病例中密封的婴幼儿配方奶粉不会造成婴儿感染产气荚膜梭菌（Xin et al.，2019）。研究表明，摄入被污染的食品粉末可使人的胃肠道中存在产气荚膜梭菌，可释放肠毒素导致疾病危及生命。此外，除婴幼儿配方奶粉以外，还从香料粉中分离出产气荚膜梭菌。干燥的香料和草药，包括辣椒粉、牛至粉和黑胡椒，当其被梭菌污染后，如果被加入到加工肉类或蔬菜中，产品在保存时温度不恒定，其梭菌感染量会大大增加。因此，预制食品和即食食品中使用的香料和草药粉必须给予特别的关注，干草药和香料的微生物学安全性和质量主要取决于在加工时以及在其种植、收获和采后过程中所进行的无菌处理（Bhat et al.，1987）。

9.2.4　芽孢杆菌（*Bacillus*）

芽孢杆菌属是革兰氏阳性、产芽孢的杆状细菌，在芽孢杆菌属中蜡样芽孢杆菌（*Bacillus cereus*）菌株可产生对人体有害的毒素，苏云金芽孢杆菌（*Bacillus thuringiensis*）和枯草芽孢杆菌（*Bacillus subtilis*）几乎不会产生对人体有害的毒素。食物中存在的芽孢杆菌在胃肠道里会释放耐热肠毒素（溶血素）（Kim et al.，2015）。蜡样芽孢杆菌的芽孢在干燥和脱水的食物（如米粉、谷物粉），以及干燥的食物处理环境中可以生存很长时间，如果不能适当加工或在适当温度下储存，它们可以在复配（重组）食品粉末中生存和繁殖（Haughton et al.，2010），该菌株的芽孢分布范围非常广，能够产生耐受巴氏杀菌的芽孢，抵御粉末状食品的制备过程中的杀菌措施，尤其是奶粉，大多数奶粉中分离出来的蜡样芽孢菌株能够复苏，并在10~50℃的温度条件下释放有毒物质（Bursová et al.，2018）。尽管与婴幼儿配方奶粉中蜡样芽孢杆菌相关的流行病学验证很少，但是在发达国家，腹泻是影响儿童特别是新生儿健康甚至死亡的一个重要的原因。

9.3　实现食品粉末微生物安全性的现有杀菌技术问题

本节介绍了一些常用的食品粉末微生物杀菌技术，主要是利用温度变化和处理时间来进行杀菌，如罐藏、热杀菌、巴氏灭菌和高温蒸汽灭菌等常规技术，可以降低 2~3 个对数值的微生物目标值，至今被用于保证粉末食品中微生物指标安全。虽然根据联邦法规，需要减少 5~6 个对数值才可以保证每种食品的微生物安全（Dufort et al.，2017）。研究发现，巴氏杀菌会破坏相当数量的微生物，但是，经巴氏杀菌的样品仍需要特殊的储存环境。实际上，巴氏杀菌食品粉末仍有微生物残留，在适宜条件下繁殖，导致产品不适合消费者食用。同样，杀菌也需要很长时间以杀灭食品致病菌，不幸的是，如同在阪崎肠杆菌和李斯特菌（*Listeria monocytogenes*）中观察到的那样，突然的热休克可能使细菌对随后的杀菌过程产生更强的抵抗力（Lin et al.，2004）。然而，高温技术对食品感官和营养特性的不利影响是限制直接热处理的原因，而与其绝对杀菌水平无关。此外，由于传热效率受限、终产品质量低且产品受热不均匀，使热杀菌技术在食品加工行业中应用不足。此外，与液态食品不同，固体状态是食品粉末中的微生物杀菌的主要障碍；研究发现由于粉末样品的堆积特性导致热难以渗透到粉末样品中。

因此，在粉状食品中使用新型杀菌技术是十分必要的，可以提高产品品质并确保微生物安全性。随着人们对生产高品质、微生物安全性好和功能性强的粉状食品的日益关注，新技术特别是非热杀菌技术确立了其在粉状食品杀菌中的重要地位（Zhang et al.，2006）。新型食品粉末杀菌技术包括脉冲电场（Pulsed Electric Feld，PEF）、臭氧处理（Ozone Processing，OP）、非热等离子体技术（Non-Thermal Plasma，NTP）和高静水压力处理（High Hydrostatic Pressure Processing，HHP），这些技术中大部分获得认可，少部分人认为 HHP 和 PEF 需要改进。

9.4　确保食品粉末中微生物安全的新技术

9.4.1　脉冲电场处理

PEF 是应用最广泛的非热技术，在进行微生物杀菌的同时又可以保证最终产品的质量。PEF 的主要原理为电渗透，是将食品置于两个电极之间，暴露于短脉冲和高电压中，PEF 装置的主要部分是处理室、发电机、脉冲电源和监视系统（Barbosa-Cánovas et al.，1999）。PEF 方法在不改变样品结构和感官特性的前提下，得到与传统方法类似的结果，因此受到广泛关注。在已经使用许多微生物杀菌的方法中，确认 PEF 是一种绿色的食品巴氏杀菌法。PEF 的主要作用是对微生物细胞膜进行电穿孔，即在细胞膜附近形成电场的环境下，细胞壁裂缝扩大，外壁渗透性改善。在不同电压水平下，应用极低脉冲作用数秒，可对少量粉状食品进行微生物杀菌，并且不会破坏粉状食品质量等级（Roohinejad et al.，2018）。此外，由于细胞破损主要依赖于食品中可利用的水分含量，因此，属于低水分活度的粉状食品不太适合通过 PEF 将微生物灭活至理想水平。多位研究者认为，使用 PEF 处理粉状食品（例如玉米粉、豌豆粉、香料粉和莳萝粉）可实现微生物灭活，最大可减少 4 log 左右（Pina-Pérez et al.，2016）。作者进一步认为，尽管 PEF 在处理后保留了粉末的全部特性，但与其他新型的杀菌工艺相比，不建议在未来将其应用于食品粉末杀菌。

9.4.1.1 PEF 在食品粉末微生物安全性的应用

针对 PEF 对微生物杀菌的最初研究是考察其对汤料粉中枯草芽孢杆菌和大肠杆菌（*Escherichia coli*）的杀菌效果（Vega -Mercado et al.，1996），在 33kV/cm 电压场下，脉冲速率为 30 个脉冲时，细菌数量分别减少了 5.3 D 和 6.5 D，这与热杀菌和紫外杀菌技术效果类似。另一位研究者（Keith et al.，1997）研究了 PEF 对少数杆菌和真菌数量对数减少情况，通过平板计数计算初始菌数，甜罗勒粉为 $3.0×10^5$ ~ $1.2 × 10^6$ CFU/g，芳香蔬菜粉为 $6.1×10^4$ ~ $2.5×10^5$ CFU/g。在 40 kV/cm 的条件下，甜罗勒和芳香蔬菜粉样品中选定的微生物最多降低了 1 个对数值，同时保留了两种粉末样品的营养、口味和颜色，并利用 Gompertz 生长动力学模型来评估杀菌动力学。随后，研究了 PEF 对可可粉强化的婴幼儿配方奶粉中阪崎肠杆菌灭活的影响（Pina-Pérez et al.，2013a, b），结果表明在 15 kV/cm 下以 3000 μs 进行 PEF 处理，可以实现 $4.4 \log_{10}$ 循环的杀菌阵列，并利用双相模型确定了上述研究工作中阪崎肠杆菌的耐受力曲线图。此外，与 PEF 在液体食品中微生物杀菌的广泛应用相比，由于微生物抵抗失活的能力可能与杆菌芽孢的出现有关，其在粉状食品杀菌中的应用限制也很少。

9.4.2 高静水压处理

HHP 通常称为高压加工技术，是一种用于食品保鲜和产品制备的新型非热处理技术。HHP 处理时将粉状食品放入或不放入容器中均可，其压力范围通常在 100~800 MPa 之间。食品应用中的 HHP 受两个相关原理控制：首先是均衡原理，其次是勒夏特列（Le chatelier）原理（Oey et al.，2008）。HHP 因发热量低、产品均匀、产品保质期长和能耗低而在食品加工领域得到了广泛的应用，前期 HHP 研究主要是针对牛奶的巴氏杀菌，科学家们急于发现 HHP 对固体食品中微生物杀菌的影响，HHP 在一些零售的产品中得以应用，包括肉类、蔬菜和乳制品（Yuste et al.，2001）。令人惊喜的是，已证实控制高静水压可使粉状食品的微生物灭活。HHP 技术的关键机制是破坏存在于微生物内部的非共价分子，如核酸、蛋白质和脂肪，导致细胞膜的破坏，进而导致微生物的破坏。HHP 的微生物杀菌机理如前所述，在超高压力水平下几秒内，微生物细胞内的细胞壁停止分裂，细胞间酸值下降。研究还发现，快速的体积膨胀会导致主要细胞化合物（如蛋白质）的结构变化，从而刺激蛋白质分子的展开和变性（Domitrovic et al.，2006）。此外，发现包括氨基酸、矿物质、维生素和食品粉末品质改良剂在内的微量化合物未受影响。然而，与液体食品的加工条件不同的是，粉末食品中微生物失活对水分活度具有强烈依赖性，这是 HHP 应用于粉末食品杀菌动力学的一大亮点。

9.4.2.1　HHP 在食品粉末微生物安全性中的应用

Tsujimoto 等（2004）开发了一项使用 HHP 对粉状食品进行低成本杀菌的成熟技术，其 HHP 系统包括一个基于剪切原理运行的辊压机，使其适用于食品粉末的微生物灭菌，这是针对少量粉末食品样本进行的，如被蜡样芽孢杆菌污染的茴香粉、玉米粉和草药粉。后来，Marco 等（2011）使用 HHP 对食品粉末基质中的蜡样芽孢杆菌细胞进行杀菌，在 HHP 压力为 200 MPa 和 500 MPa，处理时间为 10 min 时，从统计学上观察到较高水平的杀菌效果。许多研究发现，HHP 工艺在去除婴幼儿配方奶粉中阪崎克肠杆菌污染有应用前景，使用 HHP 灭活阪崎肠杆菌的研究首先是由 González 等（2006）进行的，杀菌值可达 2、4、6 个对数周期。后来，Arroyo 等（2012）证实简化 HHP 处理后婴幼儿配方奶粉中阪崎肠杆菌的失活范围为在 $5 \sim 7$ $\log_{10}$ 个循环。然而，虽然 HHP 在杀灭微生物数量至目标值方面具有优势，但其也存在一定程度上改变食品粉末特性，进而改变食品质量的缺点。Windyga 等（2008）对在氦气保护下的香菜和葛缕子粉，利用 800 MPa 和 1000 MPa HHP 对微生物进行 30 min 杀菌研究，表明用氦气处理时，在适当的时间和压力下 HHP 可增加香料粉的微生物值。另外，微生物杀菌效果对水分活度的强烈依赖严重阻碍了 HHP 在草药粉和食品粉末生产中的杀菌应用。因此，为了保持粉末食品品质，提高出口产品的质量，控制 HHP 过程中粉末食品加工时间和压力是十分重要的，对此还需要进一步研究。

9.4.3　脉冲光

非热脉冲光技术（Pulsed light，PL）是一种新的技术，通过使用合适的光源，产生短周期脉冲的高电荷闪光，使过剩的紫外线辐射快速频繁地照射在粉末食品表面。PL 产生宽光谱的白光束，最大发射波长在 $300 \sim 500$ nm 之间。研究发现 PL 波长会影响微生物杀菌效果，因为微生物蛋白质中碳分子之间的强共轭键产生的电压同化作用会导致细胞代谢的破坏（Kao et al.，2005）。PL 技术确保微生物安全的机理已被广泛研究，微生物 DNA 的破坏以及细胞形态的破坏被认为是导致微生物致死的主要原因，微生物的破坏随着遗传分子（DNA/RNA）吸收 PL 发出的紫外线辐射而停止，然后发生分子交联，导致目标微生物细胞的遗传物质发生突变，这一过程会使 DNA 功能停止，进而影响微生物细胞的进一步复制。值得关注的是，此后进行了 PL 技术对降低液体和食品粉末中微生物总量的研究（Koch et al.，2019），可以得出结论，在决定 PL 技术效果的众多参数中，闪光频率和能量等级是决定能否达到食品粉末微生物理想安全水平的主要因素。

9.4.3.1 脉冲光技术在食品粉末微生物安全性中的应用

关于 PL 技术在粉状食品微生物灭菌中的应用，研究其对小麦粉和辣椒粉中酵母的灭活作用（Fine et al.，2004），在 31.12 J/cm^2 时，小麦粉和胡椒粉中酵母分别减少了 2.93 和 0.7 个对数值，并用 Baranayi 逻辑模型对生长曲线进行研究，同时所研究的粉状食品在设定的处理参数下明显保持了颜色和风味特性。还研究了 PL 技术对玉米粉的影响，在距离为 3 cm，脉冲频率为 100 s 时（Jun et al.，2003），玉米粉中污染的黑曲霉孢子减少了 4.93 个对数值。另一项实验探究了 PL 工艺对婴幼儿配方乳粉中分离的单核细胞增生李斯特菌的杀灭效果（Choi et al.，2010），研究发现从初始菌数 10^5 CFU/g 开始，在不同的脉冲频率和电压下，PL 技术可使微生物细胞减少 4~5 个对数值，在 25 kV 下目标细菌最大程度失活。此外，Nicorescu 等（2013）观察到，在 PL 处理（10 J/cm^2）下，辣椒粉和香菜粉中的枯草芽孢杆菌细胞显著减少了 0.8 个对数值。前期研究表明，PL 处理对粉末的营养质量和感官特性的影响可以忽略不计，从而保证了它是一项安全的技术，可提供所需的产品品种和微生物指标安全的粉末终产品。

9.4.4 臭氧处理

臭氧（O$_3$）是一种气态的无机分子，是由氧分子通过大气中紫外线和放电相互作用下形成。OP 技术的主要优点是，多余的臭氧可以自行降解产生氧气，不留下任何残留物，臭氧作为一种杀菌剂的重要意义在于其广泛的抗菌谱（Garud et al.，2019）。当细菌细胞接触释放的臭氧时，微生物失活就开始了，微生物失活主要是由于臭氧分子的杀菌特性导致的，由于臭氧的强氧化性，微生物细胞中存在的细胞成分被氧化。随着氧化性的臭氧分子开始进入被包围的生物细胞，所有重要的细胞成分（包括 DNA、蛋白质和酶）都被完全氧化，导致整个细胞破裂（Brodowska et al.，2017）。臭氧作为一种强消毒剂，在食品加工业中有着广泛的应用。此外，目前 FDA 认可臭氧气体作为一种安全的防腐剂，臭氧分子在食品中的相关性中的作用增强，特别是在液态食品中，并且充分研究了 OP 技术对粉状食品杀菌的影响。

通过本部分分析认为，臭氧分子的产生和臭氧暴露阶段是实现粉状食品中微生物数量减少的关键因素。

9.4.4.1　臭氧处理在粉状食品微生物安全中的应用

研究了辣椒粉末经臭氧处理达到的微生物安全水平（Akbas et al.，2008），在蜡样芽孢杆菌细胞上释放浓度为 1 mg/kg、5 mg/kg、7 mg/kg 和 9 mg/kg 的臭氧，持续 6 h，而在大肠杆菌细胞上释放臭氧浓度为 0.1 mg/kg、0.5 mg/kg 和 1.0 mg/kg，结果发现，接触 5 mg/kg 和 1 mg/kg 臭氧 6 h 分别是对蜡样芽孢杆菌和大肠杆菌达到最好杀菌效果的最佳组合，并显著保留粉末颗粒的特性。在此之前，Byun 等（1998）论证了辐照和臭氧处理对人参粉末微生物质量的相对影响，浓度为 18 mg/kg 的臭氧处理 8 h 和 7.5 kGy 辐射，杀灭酵母和总细菌数大约为 $6.7×10^2$ CFU/g 和 $1.8×10^5$ CFU/g。据观察，臭氧处理可使目标微生物大约降低 3 个对数值。米粉中镰刀菌产生的霉菌毒素可降低 2 个对数值（Young et al.，2006），研究发现，与粉状食品的臭氧化程度一样，臭氧在 pH 为 4~8 时比 pH 为 7~8 时对霉菌毒素的清除能力更快。同样地，Tiwari 等（2010）发现暴露于 0.16 mg/gm 臭氧中的大麦粉，5 min 之内真菌孢子的破坏率达到 96%。通过对粉状食品的研究发现，当臭氧剂量和暴露时间保持在临界值以内，可以保持其粉末特性，例如颜色、气味和维生素 C，从而增强了食品的安全性，也提高了消费者对消毒后的食品粉末产品价值和臭氧技术的认可。

9.4.5　非热等离子体

等离子体，即离子化状态，是指全部和部分电离的气体，主要由原子、离子和其他成分组成，使等离子体呈电中性（Bourke et al.，2018）。利用外部能源或电场电离产生等离子体，对食品样品进行开放处理或以某种方式处理。等离子体技术杀灭微生物细胞的准确机制是建立在光解吸过程中微生物细胞腐蚀的基础上（Fernández et al.，2012）。目前，NTP 技术已被广泛应用于食品工业中，用于食品表面改性、有害化合物失活和挥发油的提取。然而，近来的研究进展表明，NTP 技术作为一种非热杀菌技术，在流体和粉末食品微生物杀菌中的应用潜力巨大。

9.4.6　非热处理技术在粉状食品微生物安全性中的应用

Hertwig 等（2015a，b）研究了微波等离子体对暴露于感染病原微生物细胞的胡椒粉、牛至粉和红辣椒粉样品的影响，结果表明三个样品的微生物数量减少了 3 个对数值以上，牛至粉中微生物数量的减少导致了芽孢数量降低。通过另一项研究证实，双介质阻挡放电等离子技术协同 1500 W 和 1000 W 的射频热技术已被证实可以有效地将黑胡椒中的细菌细胞数降至 1 log CFU/g（Choi et al.，2018）。DBD 等离子体技术和射频热技术的协同作用导致样品颜色、水分含量和水分活度的变化很小。结果表明，在 1000 W 下低温等离子体处理 1.5 min 可将目标真菌细胞的生长减少 50%。一般来说，粉末的分散性和细密性使其在暴露于环境条件下极有可能吸水，因此适当的包装和储存是关键的加工操作。最近食品粉末行业对新型非热技术在微生物安全和质量方面的实用性越来越感兴趣，使用上述任何一种新型非热技术进行包装内杀菌都具有巨大的潜力（Patil et al., 2014）。表 9.1 总结了新型杀菌技术（即非热处理）对食品粉末微生物良好的杀菌效果。

9.5　确保食品粉末行业微生物安全的未来趋势：前景展望

尽管食源性微生物污染家禽、果蔬和乳制品等食品安全问题，将持续掩盖其他严重食品安全问题，但在未来与低水分活度、干燥和粉末食品相关的食品安全问题可能被揭示。值得相信的是，被认为很少产生食品相关疾病风险的粉末食品可能会成为主要关注的问题。由于沙门氏菌在干燥条件下具有不可思议的存活能力，因此可能会继续对这些食品构成最大的威胁。在高品质粉状食品生产中，新型加工技术的使用具有更好的前景。在过去的十年中，多项研究已证实 PEF、PL 和 OP 在各种粉状食品如洋葱粉、汤拌粉、婴幼儿配方奶粉、罗勒粉、香料粉和谷类面粉中的杀菌效果，前两种方法被广泛用于杀灭婴幼儿配方奶粉和草药粉末中经常存在的杆菌芽孢（沙门氏菌和克罗诺杆菌），而后一种方法则能够处理存在于蔬菜和香料粉中的高抗性芽孢（黑曲霉、镰刀菌）（Pina-Pérez et al., 2013a, b）。此外，相比之下，虽然利用 HHP 可以将关键微生物生长抑制到可接受水平，但也已证实 HHP 会影响食品粉末的膳食质量、小分子结构和性质。纵观所有新技术，NTP 是使微生物细胞迅速失活的有竞争力的技术，这是由于等离子体产生过程带来的紫外线暴露、自由基和活性反应组分的产生等栅栏效应。此外，直接产生的电场可导致粉状食品中的微生物绝对灭活，达到显著水平。

然而，所有这些新技术在确保微生物方面安全和质量的同时，其与食品粉末制造的相关性仍处于发展的初级阶段。从粉状食品微生物质量、安全和实用的整体角度看，其最有效的技术可分为：NTP > PL > HHP > PEF > OP。为了验证产品和技术的适用性，随后可能将所需的技术提升到工业化水平。在未来几年内，HHP 和 NTP 将在全球大多数国家/地区进行商业化应用（Moralesde la Peña et al., 2010）。相比之下，大多数新型非热加工技术还未在食品粉末加工中进行商业化。因此，在利用这些新技术灭活食品粉末中的微生物方面，需要进行更多的研究，以达到工业规模食品粉末杀菌的连续化。初级投资支出的增加和有关过程控制的数据不足限制

表 9.1　非热处理应用中食品粉末的微生物减少水平

技术	微生物靶标	粉末类型	处理环境	显著效果	参考文献
HPP	蜡样芽孢杆菌	玉米粉、固香粉、中草药	置于 6.8×10⁴ N/cm 压强下	芽孢菌落计数下降呈显著水平	Tsujimoto 等 (2004)
	细菌菌株	甘草粉末	在 0.06 MPa 进行食品超高压灭菌	降低了 5 个对数值	Marco 等 (2011)
	蜡样芽孢杆菌	橄榄粉	400 MPa 处理 10~225 min	芽孢灭活数量改进 0.5 个对数周期	Black 等 (2008)
	阪崎肠杆菌	婴儿奶粉	置于 200 MPa、400 MPa 和 500 MPa 的气压环境下	达到 2、4、6 个对数周期的杀菌水平	Pina-Pérez 等 (2011)
	阪崎肠杆菌	婴儿奶粉	100~200 MPa 处理 10~20 min	失活计数达到 7 个对数周期	Arroyo 等 (2012)
	阪崎肠杆菌	婴儿奶粉	置于 400 MPa 和 600 MPa 气压环境下	灭活效果显著	Pina-Pérez 等 (2012)
	总需氧菌、酵母菌、霉菌	大蒜粉	在 600 MPa 的条件下利用 HHP 技术处理 5 min	总需氧菌数和酵母菌数检出限减少了 1.62、1.43 log CFU/g	Park 等 (2018)
	天然存在的微生物	红豆粉	在 400 MPa、500 MPa、600 MPa 的条件下进行 HHP 处理 5 min	微生物数量减少了 1.83、1.55、1.05 log CFU/g	Lee 等 (2018a, b)
PEF	大肠杆菌、枯草芽孢杆菌	豌豆汤拌粉	PEF 电压 33 kV/cm，脉冲 30 次	观察到 5.3 个对数值的减小	Vega-Mercado 等 (1996)
	总大肠菌群、大肠杆菌、酵母、霉菌	洋葱、罗勒和胡萝卜粉	PEF 电压为 26 kV/cm、40 kV/cm、28 kV/cm 时进行处理	缩短一个对数周期	Keith 等 (1997)
	阪崎肠杆菌	婴儿奶粉	15 kV/cm 低强度 PEF 处理 3000 μs	灭菌水平达到 4.4 对数周期	Pina-Pérez 等 (2013a, b)
	需氧菌数、酵母菌/霉菌、大肠菌群	橘橙果汁粉	70℃PEF 处理电压为 16 kV/cm~100 kJ/L	需氧菌数、酵母菌/霉菌数和大肠菌群数分别下降了 3.9、4.3、0.8 log CFU/mL	Lee 等 (2018a, b)
	大肠杆菌	甜菊、人参粉	20 kV/cm，270 μs	最大抑菌圈直径为 15.11 mm±0.11 mm	Pina-Pérez 等 (2018)
	天然微生物	蓝莓干	2 kV/cm 电压下进行 PRF 处理	对数期缩短（5 个对数值）	Yu 等 (2016)

续表

技术	微生物靶标	粉末类型	处理环境	显著效果	参考文献
PL	酿酒酵母	黑胡椒、小麦粉	31.12 J/cm² 能量密度处理	减少了 2.93 个和 0.7 个对数值	Fine 和 Gervais (2004)
	黑曲霉	玉米粉	5.6 J/cm² 能量密度处理	减少了 4.93 个对数值	Jun 等 (2003)
	李斯特菌	婴儿奶粉	在 25 kV 下进行5000 μs、600 μs、300 μs、100 μs 的 PL 处理	在设定的条件下，微生物数量减少 4~5 个对数值	Choi 等 (2010)
	枯草芽孢杆菌	香菜、黑胡椒粉	用 10 J/cm² 能量密度进行 PL 处理	胡椒和香菜的微生物数量分别减少了 1 和 0.8 个对数值	Nicorescu 等 (2013)
	枯草芽孢杆菌	辣椒粉	分别在 4 和 6 个脉冲强度下 PL 处理	微生物数量减少了 2.1 log CFU/g、2.6 log CFU/g	Moreau 等 (2009)
	鼠伤寒沙门氏菌、大肠杆菌	红胡椒	样品在 20.4 kJ/m² 的光强下光照 10 min	微生物数量减少了 0.22 log CFU/g	Cheon 等 (2015)
	阪崎肠杆菌	婴儿奶粉	在 57.5℃±0.7℃下暴露 28 s	微生物最大失活值为 3.18 log CFU/g	Chen 等 (2018)
	细菌总数	干芝麻	用 39.85 J/cm² 能量密度进行 PL 处理	微生物减少了 0.86 个对数值，在 44.46 J/cm² 的情况下减少了 1.02 个对数值	Hwang 等 (2017)
	李斯特菌属	婴儿奶粉	用 17 mJ/cm² 能量密度进行 PL 处理	超过 99% 的李斯特菌营养细胞种群被灭活	Arroyo 等 (2017)
	肠炎沙门氏菌	干杏仁	在 14.1 cm 或 19.1 cm 处用 3000 V、3400 V、3800 V 的脉冲光照射样品 20 s 或 60 s	PL 使沙门氏菌计数下降 0.44~4.14 log CFU/g	EserÖner (2017)

续表

技术	微生物靶标	粉末类型	处理环境	显著效果	参考文献
OP	大肠杆菌、蜡样芽孢杆菌	碎红椒	1 mg/kg 和 5 mg/kg O$_3$ 浓度下处理 360 min	达到最大灭活效果，减少 5 个对数值	Akbas 和 Ozdemir (2008)
	需氧细菌、酵母总数	红参粉	18 mg/kg O$_3$ 浓度下处理 8 h	减少了 2 个对数值	Byun 等 (1998)
	镰刀菌	米粉	10 mg/kg O$_3$ 浓度下处理 9 h	减少了 2 个对数值	Young 等 (2006)
	真菌	大麦粉	0.16 mg/gm O$_3$ 处理	在 5 min 内 96%的芽孢被灭活	Tiwari 等 (2010)
	黄曲霉	花生粉	5 mg/kg O$_3$ 处理 15~10 min	微生物灭活率达到 80% 和 77%	Proctor 等 (2004)
	肠曲菌	牛至、百里香、山茶、柠檬香、洋甘菊粉	4 mg/kg 臭氧紫外照射处理 30 min 或 60 min	牛至粉减少 4 个对数值，从约 6.5 个对数值减少到约 2.5 个对数值，其他 4 种草药粉只减少 1~2 个对数值	Kazi 等 (2017)
NTP	细菌菌群	辣椒粉、胡椒粉、牛至粉	置于 2.45 GHz 微波等离子体中处理 7 s	辣椒粉、胡椒粉和牛至粉的芽孢数分别减少 3 个、3 个、1.6 个对数值	Hertwig 等 (2015a)
	大肠杆菌	胡椒粉	分别在 1000 W 和 1500 W 条件下进行射频热处理和介质阻挡放电等离子体处理	有效灭活大肠杆菌数达到 9 log CFU/g	Choi 等 (2018)
	黄曲霉	辣椒	900 W 条件下 NTP 处理 20 min	芽孢减少量达到 (2.5 ± 0.3) log 孢子/g	Kim 等 (2014)
	蜡样芽孢杆菌、大肠杆菌、巴西曲霉	洋葱粉	400 W 条件下微波联合低温等离子体处理 40 min	有效地将巴西曲霉数量减少了 1.6log 孢子/cm^2	Kim 等 (2017)

续表

技术	微生物靶标	粉末类型	处理环境	显著效果	参考文献
NTP	曲霉、蜡样芽孢杆菌	辣椒	微波联合低温等离子体处理 0.17 W/m² 和 0.15 W/m²	孢子数分别减少了（0.7±0.1）log 孢子/cm²	Kim 等（2018）
	尖孢镰刀菌	辣椒粉	1000 W 条件下，NTP 处理 90 s	真菌生长抑制率达 50%	Go 等（2019）
	李斯特菌、大肠杆菌、肠炎沙门氏菌	洋葱粉	在 15 kHz 氦中进行 NTP 处理	菌量减少了 3.1 log CFU/cm²	Kim 和 Min（2018）
	枯草芽孢杆菌、大肠杆菌、肠炎沙门氏菌	黑胡椒粉	等离子体在环境空气中大气压下产生 300 s	枯草芽孢杆菌从 7.36 CFU/g 降低至 2.30 CFU/g，大肠杆菌和肠炎沙门氏菌降至检测值	Mošovská 等（2018）
	蜡样芽孢杆菌、曲霉菌	红辣椒片	900 W 功率下微波联合低温等离子体处理 20 min	蜡样芽孢杆菌和曲霉菌孢子减少了（1.4±0.3）、（1.5±0.2）log 孢子/cm²	Kim 等（2018）
	黄曲霉、互隔交链孢霉、黄色镰刀菌	玉米干种子	在功率密度 80 W·cm⁻³ 的条件下进行弥漫性共面表面阻隔放电处理	黄色镰刀菌减少 3.79 log CFU/g，黄曲霉减少 4.21 log CFU/g，互隔交链孢霉减少 3.22 log CFU/g	Zahoranová 等（2018）
	尖孢镰刀菌	辣椒粉	1000 W 条件下进行 NTP 处理 90 s	抑菌率达到 50%	Go 等（2019）
	大肠杆菌、金黄色葡萄球菌	凉茶粉	置于 10 kHz 的放电等离子体中，功率为 80 W	0.73 min 和 0.67 min 菌数减少	Chingsungnoen 等（2018）

了这些方法的工业化，为了消除这些问题，必须优化工艺条件，并考虑处理的有效性、相关参数、基质介质和初始微生物量。对于食品粉末，如何开发成熟的技术，以保证在高温范围保持粉末的营养特性和微生物安全，是该行业需要考虑的重要问题。因此，可以总结为，两种或更多种非热技术一起或同时应用，可产生更强的杀菌功效。然而，需要考虑到工业水平的实际应用，对流水线和产品线的启动、运行和维护相关的成本进行系统的估算，以生产出具有优良微生物安全性、营养品质和感官特性的食品粉末，同时满足消费者和食品工业的要求。

9.6　结论

食品粉末或干燥食品（$A_w<0.70$）以前被认为是符合微生物安全的，然而，它们被微生物污染可导致食源性疾病，并被确定为各种食源性疾病暴发的源头。鉴于目前的微生物食源性疾病的暴发和召回，本章针对食品粉末的微生物安全挑战提出思考，如奶粉、婴幼儿配方奶粉、谷物粉、香料、果蔬粉等，并对能符合监管标准，具有良好食品粉末灭菌能力的新兴技术提出见解。

预警区域包括粉末加工中使用的原料来源安全、不卫生的干燥操作、不卫生的储存条件，错误的设备设计、不受控制的食品粉末重构过程，食品粉末的交叉污染，不合格的测试技术、不合适的抽样计划，无法对已发现的食源性微生物阳性样本采取行动，在加工过程中未执行 HACCP 标准指引和进出口标准不正确。粉状食品中，香料和乳粉中常出现食源性疾病的暴发。当暴发时，可导致数千人生病甚至死亡。然而，根据已发表的文献，食物粉末中最可能引起食源性疾病爆发的病原体仍是沙门氏菌和克罗诺杆菌。

由于采用了前几节讨论的新型热技术，以及在粉末加工生产线上实施了良好的生产规范和危害分析点，新配制的食品粉末产品在未来受到污染的风险预计可能会降低。各种新技术，例如，NTP、PL、PEF 和 HHP 被广泛考虑用于沙门氏菌、芽孢杆菌、克罗诺杆菌和腐败酵母的灭活。此外，与食品安全标准实施相结合的新技术的栅栏效应可能会被建立起来，在解决现有食品粉末中更具挑战性的细菌和物种问题上具有极大的潜力。

最后，在加工过程中或加工后使用新型非热加工技术，并遵循质量控制标准，以确保食品粉末的微生物安全。在相反的情况下，粉状食品不能仅仅因为它们是干燥的，就认为它们本质上免受食源性致病菌污染，应始终考虑任何可能的情况。

参考文献

Abatcha, M. G., Zakaria, Z., Kaur, D., & Thong, K. L. (2014). Occurrence of antibiotic resistant Salmonella isolated from dogs in Klang Valley, Malaysia. Malaysian Journal of Microbiology. https: //doi. org/10. 21161/mjm. 58213.

Akbas, M. Y., & Ozdemir, M. (2008). Effect of gaseous ozone on microbial inactivation and sensory of flaked red peppers. International Journal of Food Science & Technology, 43 (9), 1657 – 1662. https: //doi. org/10. 1111/j. 1365– 2621. 2008. 01722. x.

Amuquandoh, F. E. (2016). Essentials of food safety in the hospitality industry. Bloomington: Xlibris.

Arroyo, C., Cebrián, G., Condón, S., & Pagán, R. (2012). Development of resistance in Cronobacter sakazakii ATCC 29544 to thermal and nonthermal processes after exposure to stressing environmental conditions. Journal of Applied Microbiology, 112 (3), 561–570. https: // doi. org/10. 1111/j. 1365–2672. 2011. 05218. x.

Arroyo, C., Dorozko, A., Gaston, E., O'Sullivan, M., Whyte, P., & Lyng, J. G. (2017). Light based technologies for microbial inactivation of liquids, bead surfaces and powdered infant formula. Food Microbiology, 67, 49 – 57. https: //doi. org/ 10. 1016/j. fm. 2017. 06. 001.

Barbosa-Cánovas, G. V., Góngora-Nieto, M. M., Pothakamury, U. R., & Swanson, B. G. (1999). Fundamentals of High-Intensity Pulsed Electric Fields (PEF). In Preservation of foods with pulsed electric fields (pp. 1 – 19). https: //doi. org/ 10. 1016/b978-012078149-2/50002-7.

Beuchat, L. R., Komitopoulou, E., Beckers, H., Betts, R. O. Y. P., Bourdichon, F., Fanning, S., et al. (2013). Low-water activity foods: Increased concern as vehicles of foodborne pathogens. Journal of Food Protection, 76 (1), 150 – 172. https: //doi. org/10. 4315/0362-028x. jfp-12-211.

Bhat, R., Geeta, H., & Kulkarni, P. R. (1987). Microbial profile of cumin seeds and chili powder sold in retail shops in the City of Bombay. Journal of Food Protection, 50 (5), 418–419. https: // doi. org/10. 4315/0362-028x-50. 5. 418.

Black, E. P., Linton, M., McCall, R. D., Curran, W., Fitzgerald, G. F., Kelly, A. L., & Patterson, M. F. (2008). The combined effects of high pressure and nisin on germination and inactivation of Bacillusspores in milk. Journal of Applied Microbiology, 105 (1), 78–87. https：//doi. org/10. 1111/j. 1365–2672. 2007. 03722. x.

Blessington, T. , Theofel, C. G. , & Harris, L. J. (2013) . A dry–inoculation method for nut kernels. Food Microbiology, 33 (2), 292 – 297. https：//doi. org/ 10. 1016/j. fm. 2012. 09. 009.

Bourke, P. , Ziuzina, D. , Boehm, D. , Cullen, P. J. , & Keener, K. (2018) . The potential of cold plasma for safe and sustainable food production. Trends in Biotechnology, 36 (6), 615–626. https：//doi. org/10. 1016/j. tibtech. 2017. 11. 001.

Brodowska, A. J. , Nowak, A. , & śmigielski, K. (2017) . Ozone in the food industry：Principles of ozone treatment, mechanisms of action, and applications：Anoverview. Critical Reviews in Food Science and Nutrition, 58 (13), 2176–2201. https：// doi. org/10. 1080/10408398. 2017. 130 8313.

Bursová, Š. , Necidová, L. , & Haruštiaková, D. (2018) . Growth and toxin production of Bacillus cereus strains in reconstituted initial infant milk formula. Food Control, 93, 334–343. https：// doi. org/10. 1016/j. foodcont. 2017. 05. 006.

Byun, M. –W. , Yook, H. –S. , Kang, I. –J. , Chung, C. –K. , Kwon, J. –H. , & Choi, K. –J. (1998) . Comparative effects of gamma irradiation and ozone treatment on hygienic quality of Korean red ginseng powder. Radiation Physics and Chemistry, 52 (1–6), 95–99. https：//doi. org/10. 1016/ s0969–806x (98) 00082–6.

Chen, D. , Wiertzema, J. , Peng, P. , Cheng, Y. , Liu, J. , Mao, Q. , et al. (2018) . Effects of intense pulsed light on Cronobacter sakazakii inoculated in non–fat dry milk. Journal of Food Engineering, 238, 178 – 187. https：//doi. org/10. 1016/ j. jfoodeng. 2018. 06. 022.

Cheon, H. –L. , Shin, J. –Y. , Park, K. –H. , Chung, M. –S. , & Kang, D. –H. (2015) . Inactivation of foodborne pathogens in powdered red pepper (Capsicum annuum L.) using combined UV–C irradiation and mild heat treatment. Food Control, 50, 441–445. https：//doi. org/10. 1016/j. foodcont. 2014. 08. 025.

Chingsungnoen, A. , Maneerat, S. , Chunpeng, P. , Poolcharuansin, P. , & Nam-Matra, R. (2018) . Antimicrobial treatment of Escherichia coli and Staphylococcus aureus in herbal tea using low–temperature plasma. Journal of Food Protection, 81 (9), 1503–1507. https：//doi. org/10. 4315/0362–028x. jfp–18–062.

Chitrakar, B. , Zhang, M. , & Adhikari, B. (2018) . Dehydrated foods：Are they microbiologically safe? Critical Reviews in Food Science and Nutrition, 59 (17), 2734–2745. https：//doi. org/10. 1 080/10408398. 2018. 1466265.

Choi, E. J., Yang, H. S., Park, H. W., & Chun, H. H. (2018). Inactivation of Escherichia coli O157: H7 and Staphylococcus aureus in red pepper powder using a combination of radio frequency thermal and indirect dielectric barrier discharge plasma non – thermal treatments. LWT, 93, 477 – 484. https://doi. org/10. 1016/ j. lwt. 2018. 03. 081.

Choi, M. -S., Cheigh, C. -I., Jeong, E. -A., Shin, J. -K., & Chung, M. -S. (2010). Nonthermal sterilization of Listeria monocytogenes in infant foods by intense pulsed–light treatment. Journal of Food Engineering, 97 (4), 504 – 509. https://doi. org/10. 1016/j. jfoodeng. 2009. 11. 008.

Domitrovic, T., Fernandes, C. M., Boy – Marcotte, E., & Kurtenbach, E. (2006). High hydrostatic pressure activates gene expression through Msn2/4 stress transcription factors which are involved in the acquired tolerance by mild pressure precondition inSaccharomyces cerevisiae. FEBS Letters, 580 (26), 6033 – 6038. https://doi. org/ 10. 1016/j. febslet. 2006. 10. 007.

Dufort, E. L., Etzel, M. R., & Ingham, B. H. (2017). Thermal processing parameters to ensure a 5–log reduction of Escherichia coli O157: H7, Salmonella enterica, and Listeria monocytogenes in acidified tomato–based foods. Food Protection Trends, 37 (6), 409–418.

Endersen, L., Buttimer, C., Nevin, E., Coffey, A., Neve, H., Oliveira, H., et al. (2017). Investigating the biocontrol and anti–biofilm potential of a three phage cocktail against Cronobacter sakazakii in different brands of infant formula. International Journal of Food Microbiology, 253, 1 – 11. https://doi. org/10. 1016/j. ijfoodmicro. 2017. 04. 009.

EserÖner, M., 2017. Atımlı Işık Uygulaması ile Bademde Salmonella Enteritidis inaktivasyonu. Akademik Gıda, pp. 242 – 248. https://doi. org/10. 24323/akademik – gida. 345257

Fernández, A., & Thompson, A. (2012). The inactivation of Salmonella by cold atmospheric plasma treatment. Food Research International, 45 (2), 678–684. https://doi. org/10. 1016/j. foodres. 2011. 04. 009.

FINE, F., & GERVAIS, P. (2004). Efficiency of pulsed UV light for microbial decontamination of food powders. Journal of Food Protection, 67 (4), 787 – 792. https://doi. org/10. 4315/ 0362–028x–67. 4. 787.

Forghani, F., den Bakker, M., Liao, J. -Y., Payton, A. S., Futral, A. N., & Diez–Gonzalez, F. (2019). Salmonella and Enterohemorrhagic Escherichia coli serogroups O45, O121, O145 in wheat flour: Effects of long-term storage and thermal treatments. Frontiers in Microbiology, 10, 323. Available at: https://pubmed.ncbi.nlm.nih.gov/30853953.

Garud, S. R., Negi, P. S., & Rastogi, N. K. (2019). Improving the efficacy of ozone treatment in food preservation. In Non-thermal Processing of Foods (pp. 213-233). https://doi.org/10.1201/b22017-12.

Go, S.-M., Park, M.-R., Kim, H.-S., Choi, W. S., & Jeong, R.-D. (2019). Antifungal effect of non-thermal atmospheric plasma and its application for control of postharvest Fusarium oxysporum decay of paprika. Food Control, 98, 245-252. https://doi.org/10.1016/j.foodcont.2018.11.028.

González, S., Flick, G. J., Arritt, F. M., Holliman, D., & Meadows, B. (2006). Effect of high-pressure processing on strains of Enterobacter sakazakii. Journal of Food Protection, 69 (4), 935-937. https://doi.org/10.4315/0362-028x-69.4.935.

Gurtler, J. B., Doyle, M. P., & Kornacki, J. L. (2014). The microbiological safety of spices and low-water activity foods: Correcting historic misassumptions. In The Microbiological Safety of Low Water Activity Foods and Spices (pp. 3-13). New York: Springer. https://doi.org/10.1007/978-1-4939-2062-4_1.

Haughton, P., Garvey, M., & Rowan, N. J. (2010). Emergence of Bacillus Cereus as a dominant organism in IRISH retailed powdered infant formulae (PIF) when reconstituted and stored under abuse conditions. Journal of Food Safety, 30 (4), 814-831. https://doi.org/10.1111/j.1745-4565.2010.00244.x.

Hertwig, C., Reineke, K., Ehlbeck, J., Erdoğdu, B., Rauh, C., & Schlüter, O. (2015b). Impact of remote plasma treatment on natural microbial load and quality parameters of selected herbs and spices. Journal of Food Engineering, 167, 12-17. https://doi.org/10.1016/j.jfoodeng.2014.12.017.

Hertwig, C., Reineke, K., Ehlbeck, J., Knorr, D., & Schlüter, O. (2015a). Decontamination of whole black pepper using different cold atmospheric pressure plasma applications. Food Control, 55, 221-229. https://doi.org/10.1016/j.foodcont.2015.03.003.

Hu, L., Ma, L. M., Zheng, S., He, X., Wang, H., Brown, E. W., et al. (2017). Evaluation of 3M molecular detection system and ANSR pathogen detection system for rapid detection of Salmonella from egg products. Poultry Science, 96 (5), 1410-1418. https://doi.org/10.3382/ps/pew399.

Humphries, R. M. , & Linscott, A. J. (2015) . Laboratory diagnosis of bacterial gastroenteritis. Clinical microbiology reviews, 28 (1), 3-31. Available at: https: // pubmed. ncbi. nlm. nih. gov/ 25567220.

Hwang, H. -J. , Cheigh, C. -I. , & Chung, M. -S. (2017) . Construction of a pi-lot-scale continuous-flow intense pulsed light system and its efficacy in sterilizing sesame seeds. Innovative Food Science & Emerging Technologies, 39, 1-6. https: //doi. org/ 10. 1016/j. ifset. 2016. 10. 017.

Jones, G. , Pardos de la Gandara, M. , Herrera-Leon, L. , Herrera-Leon, S. , Va-rela Martinez, C. , Hureaux-Roy, R. , et al. (2019) . Outbreak of Salmonella enterica serotype Poona in infants linked to persistent Salmonella contamination in an infant formula manufacturing facility, France, August 2018 to February 2019. Euro Surveillance, 24 (13), 1900161. Available at: https: //pubmed. ncbi. nlm. nih. gov/30940315.

Jun, S. , Irudayaraj, J. , Demirci, A. , & Geiser, D. (2003) . Pulsed UV-light treatment of corn meal for inactivation of Aspergillus Niger spores. International Journal of Food Science and Technology, 38 (8), 883 - 888. https: //doi. org/10. 1046/ j. 0950-5423. 2003. 00752. x.

Juneja, V. K. , Friedman, M. , Mohr, T. B. , Silverman, M. , & Mukhopadhyay, S. (2017) . Control of Bacillus cereus spore germination and outgrowth in cooked rice during chilling by nonorganic and organic apple, orange, and potato peel powders. Journal of Food Processing and Preservation, 42 (3), e13558. https: //doi. org/10. 1111/jf-pp. 13558.

Kao, Y. -T. , Saxena, C. , Wang, L. , Sancar, A. , & Zhong, D. (2005) . Di-rect observation of thymine dimer repair in DNA by photolyase. Proceedings of the National Academy of Sciences of the United States of America, 102 (45), 16128-16132. Availa-ble at: https: //pubmed. ncbi. nlm. nih. gov/16169906.

Kazi, M. , Parlapani, F. F. , Boziaris, I. S. , Vellios, E. K. , & Lykas, C. (2017) . Effect of ozone on the microbiological status of five dried aromatic plants. Jour-nal of the Science of Food and Agriculture, 98 (4), 1369-1373. https: //doi. org/ 10. 1002/jsfa. 8602.

Keith, W. D. , Harris, L. J. , Hudson, L. , & Griffiths, M. W. (1997) . Pulsed electric fields as a processing alternative for microbial reduction in spice. Food Research International, 30 (3-4), 185-191. https: //doi. org/10. 1016/s0963-9969 (97) 00028-8.

Kim, J. E. , Lee, D. -U. , & Min, S. C. (2014) . Microbial decontamination of red pepper powder by cold plasma. Food Microbiology, 38, 128–136. https://doi. org/ 10. 1016/j. fm. 2013. 08. 019.

　　Kim, J. E. , Oh, Y. J. , Won, M. Y. , Lee, K. –S. , & Min, S. C. (2017) . Microbial decontamination of onion powder using microwave–powered cold plasma treatments. Food Microbiology, 62, 112 – 123. https://doi. org/10. 1016/j. fm. 2016. 10. 006.

　　Kim, J. E. , Oh, Y. J. , Song, A. Y. , & Min, S. C. (2018) . Preservation of red pepper flakes using microwave–combined cold plasma treatment. Journal of the Science of Food and Agriculture, 99 (4) , 1577–1585. https://doi. org/10. 1002/jsfa. 9336.

　　Kim, J. H. , & Min, S. C. (2018) . Moisture vaporization–combined helium dielectric barrier discharge – cold plasma treatment for microbial decontamination of onion flakes. Food Control, 84, 321 – 329. https://doi. org/10. 1016/j. foodcont. 2017. 08. 018.

　　Kim, M. –J. , Han, J. , Park, J. –S. , Lee, J. –S. , Lee, S. –H. , Cho, J. –I. , & Kim, K. –S. (2015) . Various enterotoxin and other virulence factor genes widespread among Bacillus cereus and Bacillus thuringiensis strains. Journal of Microbiology and Biotechnology, 25 (6) , 872–879. https://doi. org/10. 4014/jmb. 1502. 02003.

　　Koch, F. , Wiacek, C. , & Braun, P. G. (2019) . Pulsed light treatment for the reduction of Salmonella typhimurium and Yersinia enterocolitica on pork skin and pork loin. International Journal of Food Microbiology, 292, 64 – 71. https://doi. org/ 10. 1016/j. ijfoodmicro. 2018. 11. 014.

　　Lee, H. , Ha, M. J. , Shahbaz, H. M. , Kim, J. U. , Jang, H. , & Park, J. (2018a) . High hydrostatic pressure treatment for manufacturing of red bean powder: A comparison with the thermal treatment. Journal of Food Engineering, 238, 141–147. https://doi. org/10. 1016/j. jfoodeng. 2018. 06. 016.

　　Lee, S. J. , Bang, I. H. , Choi, H. –J. , & Min, S. C. (2018b) . Pasteurization of mixed mandarin and Hallabong tangor juice using pulsed electric field processing combined with heat. Food Science and Biotechnology, 27 (3) , 669–675. Available at: https://pubmed. ncbi. nlm. nih. gov/30263793.

　　Lehmacher, A. , Bockemühl, J. , & Aleksic, S. (1995) . Nationwide outbreak of human salmonellosis in Germany due to contaminated paprika and paprika–powdered potato chips. Epidemiology and Infection, 115 (3) , 501 – 511. Available at: https:// pubmed. ncbi. nlm. nih. gov/8557082.

　　Li, R. , Fei, P. , Man, C. X. , Lou, B. B. , Niu, J. T. , Feng, J. , et al.

(2016). Tea polyphenols inactivate Cronobacter sakazakii isolated from powdered infant formula. Journal of Dairy Science, 99 (2), 1019-1028. https://doi. org/10. 3168/jds. 2015-10039.

Lin, Y. -D., & Chou, C. -C. (2004). Effect of heat shock on thermal tolerance and susceptibility of Listeria monocytogenes to other environmental stresses. Food Microbiology, 21 (5), 605-610. https://doi. org/10. 1016/j. fm. 2003. 10. 007.

Marco, A., Ferrer, C., Velasco, L. M., Rodrigo, D., Muguerza, B., & Martínez, A. (2011). Effect of olive powder and high hydrostatic pressure on the inactivation of Bacillus cereus spores in a reference medium. Foodborne Pathogens and Disease, 8 (6), 681-685. https://doi. org/10. 1089/ fpd. 2010. 0712.

Morales-de la Peña, M., Salvia-Trujillo, L., Rojas-Graü, M. A., & Martín-Belloso, O. (2010). Impact of high intensity pulsed electric field on antioxidant properties and quality parameters of a fruit juice-soymilk beverage in chilled storage. LWT - Food Science and Technology, 43 (6), 872 - 881. https://doi. org/10. 1016/ j. lwt. 2010. 01. 015.

Moreau M Nicorescua, I., Turpina, A., Agoulonb, A., Chevaliera, S., & Orangea, N. (2009) Decontamination of spices by using a pulsed light treatment In: Food process engineering in a changing world. (1997)

Mošovská, S., Medvecká, V., Halászová, N., Ďurina, P., Valík, L'., Mikulajová, A., & Zahoranová, (2018). Cold atmospheric pressure ambient air plasma inhibition of pathogenic bacteria on the surface of black pepper. Food Research International, 106, 862-869. https://doi. org/10. 1016/j. foodres. 2018. 01. 066.

Nicorescu, I., Nguyen, B., Moreau-Ferret, M., Agoulon, A., Chevalier, S., & Orange, N. (2013). Pulsed light inactivation of Bacillus subtilis vegetative cells in suspensions and spices. Food Control, 31 (1), 151 - 157. https://doi. org/10. 1016/ j. foodcont. 2012. 09. 047.

Oey, I., Lille, M., Van Loey, A., & Hendrickx, M. (2008). Effect of high-pressure processing on colour, texture and flavour of fruit- and vegetable-based food products: A review. Trends in Food Science & Technology, 19 (6), 320-328. https://doi. org/10. 1016/j. tifs. 2008. 04. 001.

Oonaka, K., Furuhata, K., Hara, M., & Fukuyama, M. (2010). Powder infant formula milk contaminated with Enterobacter sakazakii. Japanese Journal of Infectious Diseases, 63 (2), 103-107.

Park, I., Kim, J. U., Shahbaz, H. M., Jung, D., Jo, M., Lee, K. S., et al.

(2018). High hydrostatic pressure treatment for manufacturing of garlic powder with improved microbial safety and antioxidant activity. International Journal of Food Science & Technology, 54 (2), 325-334. https：//doi. org/10. 1111/ijfs. 13937.

Patil, S., Moiseev, T., Misra, N. N., Cullen, P. J., Mosnier, J. P., Keener, K. M., & Bourke, P. (2014). Influence of high voltage atmospheric cold plasma process parameters and role of relative humidity on inactivation of Bacillus atrophaeus spores inside a sealed package. Journal of Hospital Infection, 88 (3), 162-169. https：//doi. org/10. 1016/j. jhin. 2014. 08. 009.

Pina-Pérez, M. C., Martínez-López, A., & Rodrigo, D. (2013b). Cocoa powder as a natural ingredient revealing an enhancing effect to inactivate Cronobacter sakazakii cells treated by pulsed electric fields in infant milk formula. Food Control, 32 (1), 87-92. https：//doi. org/10. 1016/j. foodcont. 2012. 11. 014.

Pina-Pérez, M. C., Rodrigo, D., & Martínez, A. (2016). Nonthermal inactivation of Cronobacter sakazakii in infant formula milk：Areview. Critical Reviews in Food Science and Nutrition, 56 (10), 1620-1629.

Pina-Pérez, M. C., Rodrigo, D., & Martínez-López, A. (2011). Bacteriostatic effect of cocoa powder rich in polyphenols to control Cronobacter sakazakii proliferation on infant milk formula. Science and Technology Against Microbial Pathogens. https：//doi. org/10. 1142/9789814354868_ 0016.

Pina-Pérez, M. C., Silva-Angulo, A. B., Rodrigo, D., & Martínez López, A. (2012). A preliminary exposure assessment model for Bacillus cereus cells in a milk based beverage：Evaluating high pressure processing and antimicrobial interventions. Food Control, 26 (2), 610-613. https：//doi. org/10. 1016/j. foodcont. 2012. 01. 063.

Pina-Pérez, M. C., Benlloch-Tinoco, M., Rodrigo, D., & Martinez, A. (2013a). Cronobacter sakazakii inactivation by microwave processing. Food and Bioprocess Technology, 7 (3), 821-828. https：//doi. org/10. 1007/s11947-013-1063-2.

Pina-Pérez, M. C., Rivas, A., Martínez, A., & Rodrigo, D. (2018). Effect of thermal treatment, microwave, and pulsed electric field processing on the antimicrobial potential of açaí (Euterpe oleracea), stevia (Stevia rebaudiana Bertoni), and ginseng (Panax quinquefolius L.) extracts. Food Control, 90, 98-104. https：//doi. org/10. 1016/j. foodcont. 2018. 02. 022.

Podolak, R., Enache, E., Stone, W., Black, D. G., & Elliott, P. H. (2010). Sources and risk factors for contamination, survival, persistence, and heat resistance of Salmonella in low-moisture foods. Journalof Food Protection, 73 (10), 1919-1936. https：//doi. org/10. 4315/0362−028x−73. 10. 1919.

Proctor, A. D. , Ahmedna, M. , Kumar, J. V, & Goktepe, I. （2004）. Degrada-tion of aflatoxins in peanut kernels/flour by gaseous ozonation and mild heat treatment. Food Additives and Contaminants, 21 （8）, 786 − 793. https：//doi. org/ 10. 1080/02652030410001713898.

Reilly, A. Tlustos, C. , O'Connor, J. , & O'Connor, L. , （2009）. Food safety：a public health issue of growing importance. In：Introduction to human nutrition, p 324.

Roohinejad, S. , Koubaa, M. , Sant'Ana, A. S. , & Greiner, R. （2018）. Mecha-nisms of microbial inactivation by emerging technologies. Innovative Technologies for food Preservation, 2018, 111 − 132. https：//doi. org/10. 1016/b978 − 0 − 12 − 811031 − 7. 00004−2.

Shi, C. , Sun, Y. , Liu, Z. , Guo, D. , Sun, H. , Sun, Z. , et al. （2017）. Inhi-bition of Cronobacter sakazakii virulence factors by citral. Scientific Reports, 7, 43243. Available at：https：//pubmed. ncbi. nlm. nih. gov/28233814.

Stojiljkovic, J. , Trajcev, M. , Petrovska, M. , Petanovska, I. , Trajkovski, B. , & G. （2016）. The growth of Salmonella Enteritidis in egg−based pasta with the addition of sweet Basil and Thymus. Cell Biology, 4 （6）, 35−39.

Tiwari, B. K. , Brennan, C. S. , Curran, T. , Gallagher, E. , Cullen, P. J. , & O' Donnell, C. P. （2010）. Application of ozone in grain processing. Journal of Cereal Sci-ence, 51 （3）, 248−255. https：// doi. org/10. 1016/j. jcs. 2010. 01. 007.

Tsujimoto, H. , Huang, C. C. , Kinoshita, N. , Inoue, Y. , Eitoku, H. , & Sekigu-chi, I. （2004）. Ultra−high pressure sterilization of powdery food stuff—a new applica-tion of a roller compactor. Powder Technology, 146 （3）, 214−222. https：//doi. org/ 10. 1016/j. powtec. 2004. 08. 009.

Vega−Mercado, H. , Martín−Belloso, O. , Chang, F. −J. , Barbosa−Ccanovas, G. V. , & Swanson, B. G. （1996）. Inactivation of escherichia coli and bacillus subtilis suspended in pea soup using pulsed electric fields. Journal of Food Processing and Preser-vation, 20 （6）, 501−510. https：// doi. org/10. 1111/j. 1745−4549. 1996. tb00762. x.

Wang, B. , Liu, S. , Sui, Z. , Wang, J. , Wang, Y. , & Gu, S. （2020）. Rapid flow cytometric detection of single viable Salmonella cells in Milk powder. Foodborne Pathogens and Disease. https：//doi. org/10. 1089/fpd. 2019. 2748.

Windyga, B. , Fonberg−Broczek, M. , Sciezyńska, H. , Skapska, S. , Górecka, K. , Grochowska, A. , et al. （2008）. High pressure processing of spices in atmosphere of helium for decrease of microbiological contamination. Roczniki Państwowego Zakładu

Higieny, 59 (4), 437-443.

Xin, W. , Huang, Y. , Ji, B. , Li, P. , Wu, Y. , Liu, J. , et al. (2019) . Identification and characterization of Clostridium botulinum strains associated with an infant botulism case in China. Anaerobe, 55, 1 - 7. https: //doi. org/10. 1016/j. anaerobe. 2018. 06. 015.

Young, J. C. , Zhu, H. , & Zhou, T. (2006) . Degradation of trichothecene mycotoxins by aqueous ozone. Food and Chemical Toxicology, 44 (3), 417-424. https: //doi. org/10. 1016/j. fct. 2005. 08. 015.

Yu, Y. , Jin, T. Z. , Fan, X. , & Xu, Y. (2016) . Osmotic dehydration of blueberries pretreated with pulsed electric fields: Effects on dehydration kinetics, and microbiological and nutritional qualities. Drying Technology, 35 (13), 1543-1551. https: //doi. org/10. 1080/07373937. 2016. 1260583.

Yuste, J. , Capellas, M. , Pla, R. , Fung, D. Y. C. , & Mor-Mur, M. (2001) . High Pressure processing for food safety and preservation: A review. Journal of Rapid Methods & Automation in Microbiology, 9 (1), 1 - 10. https: //doi. org/10. 1111/ j. 1745-4581. 2001. tb00223. x.

Zahoranová, A. , Hoppanová, L. , Šimončicová, J. , Tučeková, Z. , Medvecká, V. , Hudecová, D. , et al. (2018) . Effect of cold atmospheric pressure plasma on maize seeds: Enhancement of seedlings growth and surface microorganisms inactivation. Plasma Chemistry and Plasma Processing, 38 (5), 969 - 988. https: //doi. org/10. 1007/ s11090-018-9913-3.

Zhang, J. , Davis, T. A. , Matthews, M. A. , Drews, M. J. , LaBerge, M. , & An, Y. H. (2006) . Sterilization using high-pressure carbon dioxide. The Journal of Supercritical Fluids, 38 (3), 354 - 372. https: //doi. org/10. 1016/j. supflu. 2005. 05. 005.